2

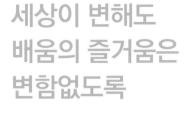

세상이 변해도
배움의 즐거움은
변함없도록

시대는 빠르게 변해도
배움의 즐거움은
변함없어야 하기에

어제의 비상은
남다른 교재부터
결이 다른 콘텐츠
전에 없던 교육 플랫폼까지

변함없는 혁신으로
교육 문화 환경의 새로운 전형을
실현해왔습니다.

비상은 오늘, 다시 한번
새로운 교육 문화 환경을 실현하기 위한
또 하나의 혁신을 시작합니다.

오늘의 내가 어제의 나를 초월하고
오늘의 교육이 어제의 교육을 초월하여
배움의 즐거움을 지속하는 혁신,

바로, 메타인지 기반 완전 학습을.

상상을 실현하는 교육 문화 기업 비상

메타인지 기반 완전 학습

초월을 뜻하는 meta와 생각을 뜻하는 인지가 결합한 메타인지는
자신이 알고 모르는 것을 스스로 구분하고 학습계획을 세우도록 하는
궁극의 학습 능력입니다. 비상의 메타인지 기반 완전 학습 시스템은
잠들어 있는 메타인지를 깨워 공부를 100% 내 것으로 만들도록 합니다.

개념+연산 파워

초등수학

6·1

구성과 특징

① 전 단원 **구성**으로 교과 진도에 맞춘 학습!

② 키워드로 핵심 개념을 시각화하여 개념 기억력 강화!

③ '기초 드릴 빨강 연산 ▶ 스킬 업 노랑 연산 ▶ 문장제 플러스 초록 연산'으로 응용 연산력 완성!

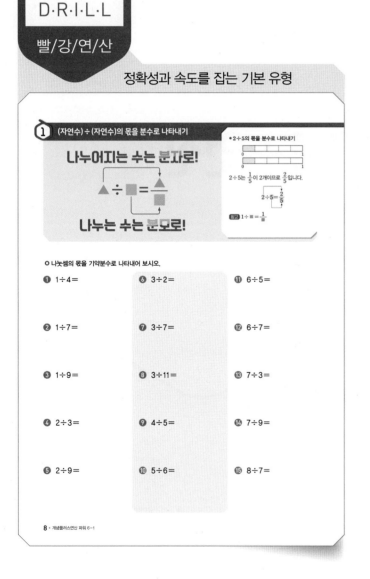

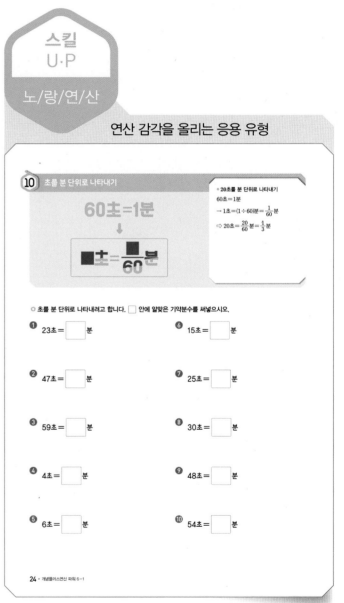

개념 + 연산 파워 로 응용 연산력을 완성해요!

문장제 P·L·U·S
초/록/연/산

문제해결력을 키우는 연산 문장제 유형

⑮ 분수의 나눗셈 문장제

끈의 길이: ■

똑같이 나눈 도막의 수: ▲
(끈 한 도막의 길이)=■÷▲

● 문제를 읽고 식을 세워 답 구하기
끈 $\frac{9}{11}$ m를 3도막으로 똑같이 나누어 잘랐습니다.
끈 한 도막은 몇 m입니까?

식 $\frac{9}{11} \div 3 = \frac{3}{11}$

답 $\frac{3}{11}$ m

❶ 주스 3 L를 학생 8명이 똑같이 나누어 마셨습니다.
한 명이 마신 주스는 몇 L인지 분수로 나타내어 보시오.

계산 공간

전체
주스의 양

학생 수

한 명이 마신
주스의 양

식 : ☐ ÷ ☐ = ☐

답 :

❷ 설탕 $\frac{8}{7}$ kg을 2봉지에 똑같이 나누어 담았습니다.
한 봉지에 담은 설탕은 몇 kg입니까?

전체
설탕의 양

봉지의
수

한 봉지에 담은
설탕의 양

식 : ☐ ÷ ☐ = ☐

답 :

평가
단원별 응용 연산력 평가

평가 1. 분수의 나눗셈

○ 계산을 하여 기약분수로 나타내어 보시오.

1 $3 \div 9 =$

2 $7 \div 4 =$

3 $\frac{4}{7} \div 2 =$

4 $\frac{5}{9} \div 5 =$

5 $\frac{8}{3} \div 4 =$

6 $\frac{12}{7} \div 3 =$

7 $\frac{3}{4} \div 2 =$

8 $\frac{9}{10} \div 6 =$

9 $\frac{11}{6} \div 3 =$

10 $\frac{15}{8} \div 9 =$

11 $1\frac{4}{5} \div 3 =$

12 $3\frac{1}{7} \div 4 =$

13 $\frac{3}{4} \div 2 \times 5 =$

14 $2\frac{7}{10} \times 4 \div 9 =$

✽ 초/록/연/산은 수와 연산 단원에만 있음.

차례

분수의 나눗셈

◆ 맞힌 개수와 걸린 시간을 작성해 보세요.

학습 내용	일 차	맞힌 개수	걸린 시간
⑩ 초를 분 단위로 나타내기	9일 차	/20개	/10분
⑪ 분을 시간 단위로 나타내기			
⑫ 어떤 수 구하기	10일 차	/18개	/14분
⑬ 몫이 가장 큰 나눗셈식 만들기	11일 차	/12개	/15분
⑭ 몫이 가장 작은 나눗셈식 만들기			
⑮ 분수의 나눗셈 문장제	12일 차	/5개	/4분
⑯ 분수의 곱셈과 나눗셈 문장제	13일 차	/5개	/7분
⑰ 바르게 계산한 값 구하기	14일 차	/5개	/10분
평가 1. 분수의 나눗셈	15일 차	/20개	/20분

1 (자연수)÷(자연수)의 몫을 분수로 나타내기

나누어지는 수는 분자로!

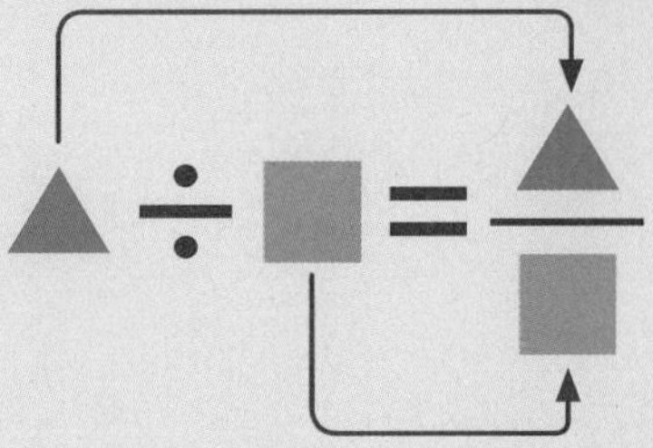

나누는 수는 분모로!

● 2÷5의 몫을 분수로 나타내기

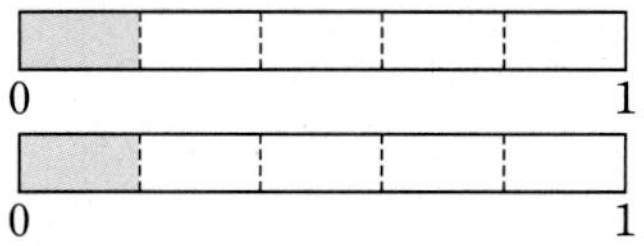

2÷5는 $\frac{1}{5}$이 2개이므로 $\frac{2}{5}$입니다.

$2 \div 5 = \frac{2}{5}$

참고 $1 \div ■ = \frac{1}{■}$

○ 나눗셈의 몫을 기약분수로 나타내어 보시오.

❶ 1÷4＝

❷ 1÷7＝

❸ 1÷9＝

❹ 2÷3＝

❺ 2÷9＝

❻ 3÷2＝

❼ 3÷7＝

❽ 3÷11＝

❾ 4÷5＝

❿ 5÷6＝

⓫ 6÷5＝

⓬ 6÷7＝

⓭ 7÷3＝

⓮ 7÷9＝

⓯ 8÷7＝

⑯ 8÷17=

㉓ 11÷8=

㉚ 15÷8=

⑰ 9÷2=

㉔ 12÷5=

㉛ 15÷13=

⑱ 9÷7=

㉕ 12÷17=

㉜ 15÷22=

⑲ 9÷10=

㉖ 13÷4=

㉝ 16÷19=

⑳ 10÷3=

㉗ 13÷10=

㉞ 17÷6=

㉑ 10÷11=

㉘ 13÷16=

㉟ 19÷25=

㉒ 11÷6=

㉙ 14÷15=

㊱ 21÷16=

분모는 그대로 두고

분자를 자연수로 나눠!

○ 계산해 보시오.

❶ $\dfrac{2}{4} \div 2 =$

❷ $\dfrac{3}{5} \div 3 =$

❸ $\dfrac{4}{5} \div 2 =$

❹ $\dfrac{5}{6} \div 5 =$

❺ $\dfrac{3}{7} \div 3 =$

❻ $\dfrac{4}{7} \div 4 =$

❼ $\dfrac{6}{7} \div 2 =$

❽ $\dfrac{7}{8} \div 7 =$

❾ $\dfrac{8}{9} \div 2 =$

❿ $\dfrac{8}{9} \div 4 =$

⓫ $\dfrac{9}{10} \div 3 =$

⓬ $\dfrac{9}{10} \div 9 =$

⓭ $\dfrac{4}{11} \div 2 =$

⓮ $\dfrac{6}{11} \div 3 =$

⓯ $\dfrac{10}{11} \div 2 =$

⑯ $\dfrac{7}{12} \div 7 =$

⑰ $\dfrac{8}{13} \div 2 =$

⑱ $\dfrac{5}{14} \div 5 =$

⑲ $\dfrac{9}{14} \div 3 =$

⑳ $\dfrac{4}{15} \div 2 =$

㉑ $\dfrac{8}{15} \div 4 =$

㉒ $\dfrac{14}{15} \div 2 =$

㉓ $\dfrac{15}{16} \div 3 =$

㉔ $\dfrac{12}{17} \div 4 =$

㉕ $\dfrac{14}{17} \div 7 =$

㉖ $\dfrac{16}{17} \div 2 =$

㉗ $\dfrac{11}{18} \div 11 =$

㉘ $\dfrac{12}{19} \div 6 =$

㉙ $\dfrac{16}{19} \div 4 =$

㉚ $\dfrac{19}{20} \div 19 =$

㉛ $\dfrac{10}{21} \div 2 =$

㉜ $\dfrac{16}{21} \div 8 =$

㉝ $\dfrac{13}{22} \div 13 =$

㉞ $\dfrac{6}{23} \div 2 =$

㉟ $\dfrac{12}{23} \div 3 =$

㊱ $\dfrac{21}{25} \div 7 =$

분모는 그대로 두고
분자를 자연수로 나눠!

$\cdot \dfrac{8}{5} \div 2$의 계산

8은 2의 배수입니다.

$$\dfrac{8}{5} \div 2 = \dfrac{8 \div 2}{5} = \dfrac{4}{5}$$

○ 계산해 보시오.

① $\dfrac{7}{2} \div 7 =$

② $\dfrac{4}{3} \div 2 =$

③ $\dfrac{5}{3} \div 5 =$

④ $\dfrac{9}{4} \div 9 =$

⑤ $\dfrac{15}{4} \div 5 =$

⑥ $\dfrac{6}{5} \div 2 =$

⑦ $\dfrac{12}{5} \div 3 =$

⑧ $\dfrac{14}{5} \div 7 =$

⑨ $\dfrac{7}{6} \div 7 =$

⑩ $\dfrac{9}{7} \div 3 =$

⑪ $\dfrac{10}{7} \div 5 =$

⑫ $\dfrac{15}{8} \div 3 =$

⑬ $\dfrac{21}{8} \div 7 =$

⑭ $\dfrac{25}{8} \div 5 =$

⑮ $\dfrac{14}{9} \div 2 =$

⑯ $\dfrac{16}{9} \div 4 =$

⑰ $\dfrac{20}{9} \div 5 =$

⑱ $\dfrac{32}{9} \div 4 =$

⑲ $\dfrac{27}{10} \div 9 =$

⑳ $\dfrac{49}{10} \div 7 =$

㉑ $\dfrac{63}{10} \div 9 =$

㉒ $\dfrac{24}{11} \div 8 =$

㉓ $\dfrac{30}{11} \div 6 =$

㉔ $\dfrac{36}{11} \div 4 =$

㉕ $\dfrac{42}{11} \div 7 =$

㉖ $\dfrac{25}{12} \div 5 =$

㉗ $\dfrac{35}{12} \div 7 =$

㉘ $\dfrac{24}{13} \div 8 =$

㉙ $\dfrac{36}{13} \div 6 =$

㉚ $\dfrac{27}{14} \div 3 =$

㉛ $\dfrac{33}{14} \div 3 =$

㉜ $\dfrac{26}{15} \div 2 =$

㉝ $\dfrac{64}{15} \div 8 =$

㉞ $\dfrac{21}{16} \div 3 =$

㉟ $\dfrac{39}{16} \div 13 =$

㊱ $\dfrac{45}{17} \div 15 =$

$$(진분수) ÷ (자연수)$$
$$= (진분수) × \dfrac{1}{(자연수)}$$

- $\dfrac{2}{5} ÷ 4$의 계산

$$\dfrac{2}{5} ÷ 4 = \dfrac{\overset{1}{\cancel{2}}}{5} × \dfrac{1}{\underset{2}{\cancel{4}}} = \dfrac{1}{10}$$

$÷4$를 $× \dfrac{1}{4}$로 바꿉니다.

참고 $\dfrac{\blacksquare}{\blacktriangle} ÷ \bullet = \dfrac{\blacksquare}{\blacktriangle} × \dfrac{1}{\bullet}$

○ 계산을 하여 기약분수로 나타내어 보시오.

① $\dfrac{1}{2} ÷ 3 =$

② $\dfrac{1}{3} ÷ 5 =$

③ $\dfrac{2}{3} ÷ 6 =$

④ $\dfrac{3}{4} ÷ 5 =$

⑤ $\dfrac{2}{5} ÷ 8 =$

⑥ $\dfrac{3}{5} ÷ 6 =$

⑦ $\dfrac{1}{6} ÷ 2 =$

⑧ $\dfrac{5}{6} ÷ 4 =$

⑨ $\dfrac{2}{7} ÷ 3 =$

⑩ $\dfrac{3}{7} ÷ 6 =$

⑪ $\dfrac{4}{7} ÷ 8 =$

⑫ $\dfrac{6}{7} ÷ 5 =$

⑬ $\dfrac{1}{8} ÷ 3 =$

⑭ $\dfrac{3}{8} ÷ 9 =$

⑮ $\dfrac{5}{8} ÷ 10 =$

⑯ $\dfrac{4}{9} \div 5 =$

⑰ $\dfrac{7}{9} \div 2 =$

⑱ $\dfrac{8}{9} \div 3 =$

⑲ $\dfrac{3}{10} \div 5 =$

⑳ $\dfrac{7}{10} \div 14 =$

㉑ $\dfrac{9}{10} \div 15 =$

㉒ $\dfrac{5}{11} \div 2 =$

㉓ $\dfrac{6}{11} \div 12 =$

㉔ $\dfrac{5}{12} \div 4 =$

㉕ $\dfrac{7}{12} \div 14 =$

㉖ $\dfrac{4}{13} \div 8 =$

㉗ $\dfrac{6}{13} \div 9 =$

㉘ $\dfrac{9}{13} \div 12 =$

㉙ $\dfrac{3}{14} \div 9 =$

㉚ $\dfrac{5}{14} \div 10 =$

㉛ $\dfrac{4}{15} \div 16 =$

㉜ $\dfrac{7}{15} \div 3 =$

㉝ $\dfrac{14}{15} \div 4 =$

㉞ $\dfrac{9}{16} \div 6 =$

㉟ $\dfrac{15}{16} \div 9 =$

㊱ $\dfrac{12}{17} \div 20 =$

(가분수)÷(자연수) = (가분수)× $\dfrac{1}{(자연수)}$

○ 계산을 하여 기약분수로 나타내어 보시오.

1 $\dfrac{3}{2} \div 5 =$

2 $\dfrac{5}{2} \div 6 =$

3 $\dfrac{4}{3} \div 7 =$

4 $\dfrac{7}{3} \div 8 =$

5 $\dfrac{10}{3} \div 4 =$

6 $\dfrac{5}{4} \div 2 =$

7 $\dfrac{9}{4} \div 4 =$

8 $\dfrac{15}{4} \div 10 =$

9 $\dfrac{6}{5} \div 7 =$

10 $\dfrac{8}{5} \div 3 =$

11 $\dfrac{9}{5} \div 15 =$

12 $\dfrac{7}{6} \div 2 =$

13 $\dfrac{11}{6} \div 4 =$

14 $\dfrac{13}{6} \div 5 =$

15 $\dfrac{8}{7} \div 16 =$

⑯ $\dfrac{7}{12} \div 7 =$

⑰ $\dfrac{8}{13} \div 2 =$

⑱ $\dfrac{5}{14} \div 5 =$

⑲ $\dfrac{9}{14} \div 3 =$

⑳ $\dfrac{4}{15} \div 2 =$

㉑ $\dfrac{8}{15} \div 4 =$

㉒ $\dfrac{14}{15} \div 2 =$

㉓ $\dfrac{15}{16} \div 3 =$

㉔ $\dfrac{12}{17} \div 4 =$

㉕ $\dfrac{14}{17} \div 7 =$

㉖ $\dfrac{16}{17} \div 2 =$

㉗ $\dfrac{11}{18} \div 11 =$

㉘ $\dfrac{12}{19} \div 6 =$

㉙ $\dfrac{16}{19} \div 4 =$

㉚ $\dfrac{19}{20} \div 19 =$

㉛ $\dfrac{10}{21} \div 2 =$

㉜ $\dfrac{16}{21} \div 8 =$

㉝ $\dfrac{13}{22} \div 13 =$

㉞ $\dfrac{6}{23} \div 2 =$

㉟ $\dfrac{12}{23} \div 3 =$

㊱ $\dfrac{21}{25} \div 7 =$

분모는 그대로 두고
분자를 자연수로 나눠!

- $\dfrac{8}{5} \div 2$의 계산

8은 2의 배수입니다.

$$\dfrac{8}{5} \div 2 = \dfrac{8 \div 2}{5} = \dfrac{4}{5}$$

○ 계산해 보시오.

① $\dfrac{7}{2} \div 7 =$

② $\dfrac{4}{3} \div 2 =$

③ $\dfrac{5}{3} \div 5 =$

④ $\dfrac{9}{4} \div 9 =$

⑤ $\dfrac{15}{4} \div 5 =$

⑥ $\dfrac{6}{5} \div 2 =$

⑦ $\dfrac{12}{5} \div 3 =$

⑧ $\dfrac{14}{5} \div 7 =$

⑨ $\dfrac{7}{6} \div 7 =$

⑩ $\dfrac{9}{7} \div 3 =$

⑪ $\dfrac{10}{7} \div 5 =$

⑫ $\dfrac{15}{8} \div 3 =$

⑬ $\dfrac{21}{8} \div 7 =$

⑭ $\dfrac{25}{8} \div 5 =$

⑮ $\dfrac{14}{9} \div 2 =$

⑯ $\dfrac{16}{9} \div 4 =$

㉓ $\dfrac{30}{11} \div 6 =$

㉚ $\dfrac{27}{14} \div 3 =$

⑰ $\dfrac{20}{9} \div 5 =$

㉔ $\dfrac{36}{11} \div 4 =$

㉛ $\dfrac{33}{14} \div 3 =$

⑱ $\dfrac{32}{9} \div 4 =$

㉕ $\dfrac{42}{11} \div 7 =$

㉜ $\dfrac{26}{15} \div 2 =$

⑲ $\dfrac{27}{10} \div 9 =$

㉖ $\dfrac{25}{12} \div 5 =$

㉝ $\dfrac{64}{15} \div 8 =$

⑳ $\dfrac{49}{10} \div 7 =$

㉗ $\dfrac{35}{12} \div 7 =$

㉞ $\dfrac{21}{16} \div 3 =$

㉑ $\dfrac{63}{10} \div 9 =$

㉘ $\dfrac{24}{13} \div 8 =$

㉟ $\dfrac{39}{16} \div 13 =$

㉒ $\dfrac{24}{11} \div 8 =$

㉙ $\dfrac{36}{13} \div 6 =$

㊱ $\dfrac{45}{17} \div 15 =$

(진분수)÷(자연수)

$$=(진분수)\times\frac{1}{(자연수)}$$

- $\frac{2}{5}\div4$의 계산

$$\frac{2}{5}\div4=\frac{\overset{1}{\cancel{2}}}{5}\times\frac{1}{\underset{2}{\cancel{4}}}=\frac{1}{10}$$

$\div4$를 $\times\frac{1}{4}$로 바꿉니다.

참고 $\frac{\triangle}{\blacksquare}\div\bullet=\frac{\triangle}{\blacksquare}\times\frac{1}{\bullet}$

○ 계산을 하여 기약분수로 나타내어 보시오.

① $\frac{1}{2}\div3=$

② $\frac{1}{3}\div5=$

③ $\frac{2}{3}\div6=$

④ $\frac{3}{4}\div5=$

⑤ $\frac{2}{5}\div8=$

⑥ $\frac{3}{5}\div6=$

⑦ $\frac{1}{6}\div2=$

⑧ $\frac{5}{6}\div4=$

⑨ $\frac{2}{7}\div3=$

⑩ $\frac{3}{7}\div6=$

⑪ $\frac{4}{7}\div8=$

⑫ $\frac{6}{7}\div5=$

⑬ $\frac{1}{8}\div3=$

⑭ $\frac{3}{8}\div9=$

⑮ $\frac{5}{8}\div10=$

⑯ $\dfrac{4}{9} \div 5 =$

⑰ $\dfrac{7}{9} \div 2 =$

⑱ $\dfrac{8}{9} \div 3 =$

⑲ $\dfrac{3}{10} \div 5 =$

⑳ $\dfrac{7}{10} \div 14 =$

㉑ $\dfrac{9}{10} \div 15 =$

㉒ $\dfrac{5}{11} \div 2 =$

㉓ $\dfrac{6}{11} \div 12 =$

㉔ $\dfrac{5}{12} \div 4 =$

㉕ $\dfrac{7}{12} \div 14 =$

㉖ $\dfrac{4}{13} \div 8 =$

㉗ $\dfrac{6}{13} \div 9 =$

㉘ $\dfrac{9}{13} \div 12 =$

㉙ $\dfrac{3}{14} \div 9 =$

㉚ $\dfrac{5}{14} \div 10 =$

㉛ $\dfrac{4}{15} \div 16 =$

㉜ $\dfrac{7}{15} \div 3 =$

㉝ $\dfrac{14}{15} \div 4 =$

㉞ $\dfrac{9}{16} \div 6 =$

㉟ $\dfrac{15}{16} \div 9 =$

㊱ $\dfrac{12}{17} \div 20 =$

(가분수)÷(자연수) =(가분수)× $\dfrac{1}{(자연수)}$

$\cdot$ $\dfrac{4}{3} \div 8$의 계산

$$\dfrac{4}{3} \div 8 = \dfrac{\overset{1}{\cancel{4}}}{3} \times \dfrac{1}{\underset{2}{\cancel{8}}} = \dfrac{1}{6}$$

$\div 8$을 $\times \dfrac{1}{8}$로 바꿉니다.

○ 계산을 하여 기약분수로 나타내어 보시오.

① $\dfrac{3}{2} \div 5 =$

② $\dfrac{5}{2} \div 6 =$

③ $\dfrac{4}{3} \div 7 =$

④ $\dfrac{7}{3} \div 8 =$

⑤ $\dfrac{10}{3} \div 4 =$

⑥ $\dfrac{5}{4} \div 2 =$

⑦ $\dfrac{9}{4} \div 4 =$

⑧ $\dfrac{15}{4} \div 10 =$

⑨ $\dfrac{6}{5} \div 7 =$

⑩ $\dfrac{8}{5} \div 3 =$

⑪ $\dfrac{9}{5} \div 15 =$

⑫ $\dfrac{7}{6} \div 2 =$

⑬ $\dfrac{11}{6} \div 4 =$

⑭ $\dfrac{13}{6} \div 5 =$

⑮ $\dfrac{8}{7} \div 16 =$

⑯ $\dfrac{9}{7} \div 6 =$

⑰ $\dfrac{10}{7} \div 3 =$

⑱ $\dfrac{12}{7} \div 16 =$

⑲ $\dfrac{20}{7} \div 7 =$

⑳ $\dfrac{9}{8} \div 15 =$

㉑ $\dfrac{11}{8} \div 4 =$

㉒ $\dfrac{15}{8} \div 25 =$

㉓ $\dfrac{10}{9} \div 15 =$

㉔ $\dfrac{11}{9} \div 4 =$

㉕ $\dfrac{16}{9} \div 20 =$

㉖ $\dfrac{17}{10} \div 5 =$

㉗ $\dfrac{21}{10} \div 6 =$

㉘ $\dfrac{12}{11} \div 15 =$

㉙ $\dfrac{14}{11} \div 8 =$

㉚ $\dfrac{15}{11} \div 9 =$

㉛ $\dfrac{19}{12} \div 5 =$

㉜ $\dfrac{25}{12} \div 15 =$

㉝ $\dfrac{14}{13} \div 21 =$

㉞ $\dfrac{24}{13} \div 16 =$

㉟ $\dfrac{15}{14} \div 12 =$

㊱ $\dfrac{33}{14} \div 22 =$

$$(대분수) ÷ (자연수)$$
$$= (가분수) × \dfrac{1}{(자연수)}$$

• $1\dfrac{1}{3} ÷ 2$의 계산

분자가 자연수의 배수인 경우

$$1\dfrac{1}{3} ÷ 2 = \dfrac{4}{3} ÷ 2 = \dfrac{4 ÷ 2}{3} = \dfrac{2}{3}$$

대분수를 가분수로 나타냅니다.　분자를 자연수로 나눕니다.

• $1\dfrac{1}{5} ÷ 4$의 계산

분자가 자연수의 배수가 아닌 경우

$$1\dfrac{1}{5} ÷ 4 = \dfrac{6}{5} ÷ 4 = \dfrac{\overset{3}{6}}{5} × \dfrac{1}{\underset{2}{4}} = \dfrac{3}{10}$$

대분수를 가분수로 나타냅니다.　$÷ 4$를 $× \dfrac{1}{4}$로 바꿉니다.

○ 계산을 하여 기약분수로 나타내어 보시오.

① $1\dfrac{1}{2} ÷ 4 =$

② $1\dfrac{2}{3} ÷ 2 =$

③ $1\dfrac{1}{4} ÷ 3 =$

④ $1\dfrac{3}{4} ÷ 7 =$

⑤ $1\dfrac{2}{5} ÷ 6 =$

⑥ $1\dfrac{3}{5} ÷ 6 =$

⑦ $1\dfrac{1}{6} ÷ 5 =$

⑧ $1\dfrac{5}{6} ÷ 3 =$

⑨ $1\dfrac{5}{7} ÷ 6 =$

⑩ $2\dfrac{2}{3} ÷ 4 =$

⑪ $2\dfrac{1}{4} ÷ 5 =$

⑫ $2\dfrac{3}{4} ÷ 4 =$

⑬ $2\dfrac{2}{5} ÷ 2 =$

⑭ $2\dfrac{4}{5} ÷ 7 =$

⑮ $2\dfrac{1}{6} ÷ 5 =$

⑯ $2\dfrac{5}{6} \div 2 =$

㉓ $4\dfrac{1}{2} \div 12 =$

㉚ $5\dfrac{3}{5} \div 6 =$

⑰ $3\dfrac{1}{2} \div 7 =$

㉔ $4\dfrac{2}{3} \div 7 =$

㉛ $5\dfrac{5}{8} \div 9 =$

⑱ $3\dfrac{1}{3} \div 6 =$

㉕ $4\dfrac{1}{4} \div 5 =$

㉜ $6\dfrac{1}{4} \div 3 =$

⑲ $3\dfrac{3}{4} \div 3 =$

㉖ $4\dfrac{4}{5} \div 4 =$

㉝ $6\dfrac{2}{5} \div 8 =$

⑳ $3\dfrac{1}{5} \div 6 =$

㉗ $4\dfrac{5}{6} \div 2 =$

㉞ $6\dfrac{3}{7} \div 10 =$

㉑ $3\dfrac{3}{7} \div 8 =$

㉘ $5\dfrac{1}{3} \div 4 =$

㉟ $7\dfrac{1}{2} \div 15 =$

㉒ $3\dfrac{3}{8} \div 9 =$

㉙ $5\dfrac{1}{4} \div 3 =$

㊱ $7\dfrac{1}{5} \div 27 =$

대분수를 가분수로,

$\div$(자연수)를 $\times \dfrac{1}{(자연수)}$로

바꿔 계산해!

• $1\dfrac{3}{5} \div 4 \times 7$의 계산

대분수를 가분수로 나타냅니다.

$$1\dfrac{3}{5} \div 4 \times 7 = \dfrac{\overset{2}{8}}{5} \times \dfrac{1}{\underset{1}{4}} \times 7$$

$\div 4$를 $\times \dfrac{1}{4}$로 바꿉니다. $= \dfrac{14}{5} = 2\dfrac{4}{5}$

○ 계산을 하여 기약분수로 나타내어 보시오.

1 $\dfrac{3}{4} \div 3 \times 2 =$

2 $\dfrac{6}{7} \div 2 \times 5 =$

3 $\dfrac{7}{8} \div 4 \times 3 =$

4 $\dfrac{8}{9} \div 6 \times 4 =$

5 $\dfrac{2}{3} \times 4 \div 2 =$

6 $\dfrac{4}{5} \times 3 \div 2 =$

7 $\dfrac{3}{8} \times 7 \div 6 =$

8 $3 \times \dfrac{2}{5} \div 2 =$

9 $4 \times \dfrac{9}{10} \div 3 =$

10 $5 \times \dfrac{4}{9} \div 8 =$

⑪ $1\dfrac{4}{5} \div 3 \times 2 =$

⑱ $2\dfrac{2}{9} \times 3 \div 4 =$

⑫ $1\dfrac{3}{7} \div 5 \times 3 =$

⑲ $3\dfrac{3}{4} \times 2 \div 10 =$

⑬ $2\dfrac{2}{3} \div 4 \times 5 =$

⑳ $4\dfrac{4}{9} \times 4 \div 5 =$

⑭ $2\dfrac{1}{4} \div 3 \times 6 =$

㉑ $2 \times 1\dfrac{1}{6} \div 3 =$

⑮ $3\dfrac{1}{2} \div 5 \times 4 =$

㉒ $3 \times 2\dfrac{5}{8} \div 7 =$

⑯ $1\dfrac{7}{8} \times 3 \div 5 =$

㉓ $2 \times 3\dfrac{3}{5} \div 6 =$

⑰ $2\dfrac{5}{6} \times 5 \div 2 =$

㉔ $5 \times 3\dfrac{3}{7} \div 8 =$

화살표 방향에 따라 나눗셈식을 세워!

● 빈칸에 알맞은 수 구하기

÷		
$\dfrac{4}{3}$	2	$\dfrac{2}{3}$
$\dfrac{2}{7}$	3	$\dfrac{2}{21}$

$\begin{cases} \dfrac{4}{3} \div 2 = \dfrac{2}{3} \end{cases}$

$\begin{cases} \dfrac{2}{7} \div 3 = \dfrac{2}{21} \end{cases}$

○ 빈칸에 알맞은 기약분수를 써넣으시오.

❶ ÷

4	9	
$\dfrac{5}{7}$	5	

❹ ÷

$\dfrac{12}{7}$	3	
$1\dfrac{3}{5}$	4	

❷ ÷

5	12	
$\dfrac{8}{3}$	4	

❺ ÷

$\dfrac{5}{6}$	10	
$\dfrac{9}{8}$	6	

❸ ÷

$\dfrac{10}{13}$	5	
$\dfrac{8}{15}$	16	

❻ ÷

$\dfrac{35}{12}$	14	
$2\dfrac{1}{4}$	6	

9 분수를 자연수로 나눈 몫 구하기

몫

→ **나눗셈식**을 이용해!

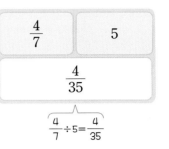

$$\frac{4}{7} \div 5 = \frac{4}{35}$$

○ 분수를 자연수로 나눈 몫을 기약분수로 나타내어 빈칸에 써넣으시오.

7

$\frac{4}{7}$	2

11

2	$\frac{7}{4}$

8

7	$\frac{14}{11}$

12

$\frac{15}{8}$	6

9

$\frac{3}{5}$	4

13

$2\frac{7}{9}$	5

10

9	$\frac{12}{13}$

14

8	$3\frac{3}{7}$

60초=1분

↓

$$\blacksquare초 = \frac{\blacksquare}{60}분$$

● **20초를 분 단위로 나타내기**

60초＝1분

→ 1초＝(1÷60)분＝$\frac{1}{60}$ 분

⇨ 20초＝$\frac{20}{60}$ 분＝$\frac{1}{3}$ 분

○ 초를 분 단위로 나타내려고 합니다. ☐ 안에 알맞은 기약분수를 써넣으시오.

1 23초＝ ☐ 분

2 47초＝ ☐ 분

3 59초＝ ☐ 분

4 4초＝ ☐ 분

5 6초＝ ☐ 분

6 15초＝ ☐ 분

7 25초＝ ☐ 분

8 30초＝ ☐ 분

9 48초＝ ☐ 분

10 54초＝ ☐ 분

11 분을 시간 단위로 나타내기

• **12분을 시간 단위로 나타내기**

60분＝1시간

→ 1분＝(1÷60)시간＝$\frac{1}{60}$ 시간

⇨ 12분＝$\frac{12}{60}$ 시간＝$\frac{1}{5}$ 시간

• **1시간 30분을 시간 단위로 나타내기**

30분＝$\frac{30}{60}$ 시간＝$\frac{1}{2}$ 시간

⇨ 1시간 30분＝$1\frac{1}{2}$ 시간

○ 분을 시간 단위로 나타내려고 합니다. ☐ 안에 알맞은 기약분수를 써넣으시오.

⑪ 29분＝☐시간

⑫ 37분＝☐시간

⑬ 5분＝☐시간

⑭ 24분＝☐시간

⑮ 45분＝☐시간

⑯ 1시간 3분＝☐시간

⑰ 1시간 10분＝☐시간

⑱ 2시간 36분＝☐시간

⑲ 2시간 42분＝☐시간

⑳ 3시간 55분＝☐시간

곱셈과 나눗셈의 관계를 이용해!

$$\blacksquare \times \blacktriangle = \bullet \quad \Rightarrow \quad \begin{cases} \bullet \div \blacktriangle = \blacksquare \\ \bullet \div \blacksquare = \blacktriangle \end{cases}$$

- $\square \times 2 = \dfrac{4}{5}$ 에서 $\square$의 값 구하기

$\square \times 2 = \dfrac{4}{5}$

⇨ 곱셈과 나눗셈의 관계를 이용하면

$\dfrac{4}{5} \div 2 = \square$, $\square = \dfrac{2}{5}$

- $5 \times \square = \dfrac{2}{3}$ 에서 $\square$의 값 구하기

$5 \times \square = \dfrac{2}{3}$

⇨ 곱셈과 나눗셈의 관계를 이용하면

$\dfrac{2}{3} \div 5 = \square$, $\square = \dfrac{2}{15}$

○ 어떤 수($\square$)를 구하여 기약분수로 나타내어 보시오.

❶ $\boxed{} \times 3 = 2$

❷ $\boxed{} \times 2 = \dfrac{6}{7}$

❸ $\boxed{} \times 4 = \dfrac{8}{9}$

❹ $\boxed{} \times 5 = \dfrac{5}{4}$

❺ $8 \times \boxed{} = 3$

❻ $3 \times \boxed{} = \dfrac{3}{4}$

❼ $5 \times \boxed{} = \dfrac{5}{11}$

❽ $6 \times \boxed{} = \dfrac{12}{7}$

⑨ $\boxed{} \times 4 = \dfrac{3}{8}$

⑭ $3 \times \boxed{} = \dfrac{2}{3}$

⑩ $\boxed{} \times 6 = \dfrac{3}{10}$

⑮ $7 \times \boxed{} = \dfrac{4}{5}$

⑪ $\boxed{} \times 2 = \dfrac{5}{2}$

⑯ $6 \times \boxed{} = \dfrac{9}{8}$

⑫ $\boxed{} \times 3 = \dfrac{7}{5}$

⑰ $8 \times \boxed{} = \dfrac{11}{6}$

⑬ $\boxed{} \times 7 = 1\dfrac{1}{4}$

⑱ $9 \times \boxed{} = 2\dfrac{5}{8}$

13 몫이 가장 큰 나눗셈식 만들기

세 ÷ ①, ②, ③이 ③ > ② > ① > 0일 때

몫이 가장 큰 (분수)÷(자연수)

→ $\dfrac{③}{①} ÷ ②$ 또는 $\dfrac{③}{②} ÷ ①$

가장 **큰** ÷   가장 **작은** ÷

● 수 카드 3장을 모두 한 번씩만 사용하여 몫이 가장 큰 (분수)÷(자연수) 만들기

2 5 9

· 분수가 가장 클 때 나눗셈식: $\dfrac{9}{2} ÷ 5$

· 자연수가 가장 작을 때 나눗셈식: $\dfrac{9}{5} ÷ 2$

⇨ $\dfrac{9}{2} ÷ 5 = \dfrac{9}{10}$ 또는 $\dfrac{9}{5} ÷ 2 = \dfrac{9}{10}$

○ 수 카드 3장을 모두 한 번씩만 사용하여 몫이 가장 큰 (분수)÷(자연수)를 만들고 계산해 보시오.

❶   3   2   5

$\dfrac{\square}{\square} ÷ \square$ ⇨ (   )

❹   6   7   5

$\dfrac{\square}{\square} ÷ \square$ ⇨ (   )

❷   4   6   2

$\dfrac{\square}{\square} ÷ \square$ ⇨ (   )

❺   8   2   9

$\dfrac{\square}{\square} ÷ \square$ ⇨ (   )

❸   5   3   8

$\dfrac{\square}{\square} ÷ \square$ ⇨ (   )

❻   7   9   4

$\dfrac{\square}{\square} ÷ \square$ ⇨ (   )

14 몫이 가장 작은 나눗셈식 만들기   1단원

세 수 ①, ②, ③이 ③ > ② > ① > 0일 때

몫이 가장 작은 (분수)÷(자연수)

$$\rightarrow \dfrac{①}{③} \div ② \quad \text{또는} \quad \dfrac{①}{②} \div ③$$

가장 **작은** 수 · · · · · · · · · · 가장 **큰** 수

● 수 카드 3장을 모두 한 번씩만 사용하여 몫이 가장 작은 (분수)÷(자연수) 만들기

2 4 5

• 분수가 가장 작을 때 나눗셈식: $\dfrac{2}{5} \div 4$

• 자연수가 가장 클 때 나눗셈식: $\dfrac{2}{4} \div 5$

⇒ $\dfrac{2}{5} \div 4 = \dfrac{1}{10}$ 또는 $\dfrac{2}{4} \div 5 = \dfrac{1}{10}$

○ 수 카드 3장을 모두 한 번씩만 사용하여 몫이 가장 작은 (분수)÷(자연수)를 만들고 계산해 보시오.

❼   1   4   3

$$\dfrac{\Box}{\Box} \div \Box \Rightarrow (\qquad\qquad)$$

❿   4   2   8

$$\dfrac{\Box}{\Box} \div \Box \Rightarrow (\qquad\qquad)$$

❽   5   3   7

$$\dfrac{\Box}{\Box} \div \Box \Rightarrow (\qquad\qquad)$$

⓫   3   9   5

$$\dfrac{\Box}{\Box} \div \Box \Rightarrow (\qquad\qquad)$$

❾   6   1   8

$$\dfrac{\Box}{\Box} \div \Box \Rightarrow (\qquad\qquad)$$

⓬   7   2   9

$$\dfrac{\Box}{\Box} \div \Box \Rightarrow (\qquad\qquad)$$

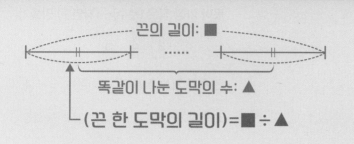

● 문제를 읽고 식을 세워 답 구하기

끈 $\frac{9}{11}$ m를 3도막으로 똑같이 나누어 잘랐습니다.

끈 한 도막은 몇 m입니까?

식 $\frac{9}{11} \div 3 = \frac{3}{11}$

답 $\frac{3}{11}$ m

① 주스 3 L를 학생 8명이 똑같이 나누어 마셨습니다.
한 명이 마신 주스는 몇 L인지 분수로 나타내어 보시오.

✎ 계산 공간

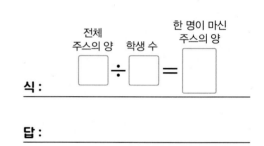

식 :

답 :

② 설탕 $\frac{8}{7}$ kg을 2봉지에 똑같이 나누어 담았습니다.
한 봉지에 담은 설탕은 몇 kg입니까?

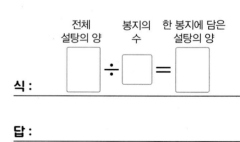

식 :

답 :

❸ 우유 $\dfrac{5}{6}$ L를 4일 동안 똑같이 나누어 마시려고 합니다.

하루에 마실 수 있는 우유는 몇 L입니까?

식 : _____

답 : _____

❹ 색 테이프 $\dfrac{32}{9}$ m를 모두 사용하여 똑같은 선물 상자 5개를 포장했습니다.

선물 상자 한 개를 포장하는 데 사용한 색 테이프는 몇 m입니까?

식 : _____

답 : _____

❺ 페인트 3통으로 벽면 $3\dfrac{3}{7}$ m²를 칠했습니다.

페인트 한 통으로 칠한 벽면의 넓이는 몇 m²입니까?

식 : _____

답 : _____

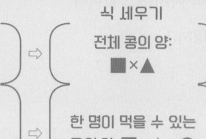

● 문제를 읽고 식을 세워 답 구하기

한 통에 $\frac{3}{4}$ kg씩 들어 있는

콩이 2통 있습니다.

이 콩을 3명이 똑같이 나누어 먹는다면
한 명이 먹을 수 있는 콩은 몇 kg입니까?

① 전체 콩의 양

식 $\frac{3}{4} \times 2 \div 3 = \frac{1}{2}$

② 한 명이 먹을 수 있는 콩의 양

답 $\frac{1}{2}$ kg

문제 파헤치기

❶ 한 통에 ■ kg씩 들어 있는
콩이 ▲통 있습니다.

❷ 이 콩을 ●명이 똑같이
나누어 먹는다면 한 명이
먹을 수 있는 콩은 몇 kg
입니까?

식 세우기

전체 콩의 양:
■ × ▲

한 명이 먹을 수 있는
콩의 양: ■ × ▲ ÷ ●

---

❶ 한 봉지에 $1\frac{2}{5}$ kg씩 들어 있는 밀가루가 2봉지 있습니다.

이 밀가루로 똑같은 빵 3개를 만든다면
빵 한 개를 만드는 데 필요한 밀가루는 몇 kg입니까?

문제 파헤치기

한 봉지에 $1\frac{2}{5}$ kg씩 들어 있는 밀가루가 2봉지 있습니다.

이 밀가루로 똑같은 빵 3개를 만든다면 빵 한 개를 만드는 데 필요한 밀가루는 몇 kg입니까?

식 세우기

전체 밀가루의 양:
$1\frac{2}{5} \times \boxed{}$

빵 한 개를 만드는 데 필요한 밀가루의 양:
$1\frac{2}{5} \times \boxed{} \div \boxed{}$

답 : _____

---

❷ 음료수 $\frac{9}{10}$ L를 3개의 컵에 똑같이 나누어 담고

그중에서 2개의 컵에 들어 있는 음료수를 마셨습니다.
마신 음료수는 몇 L입니까?

문제 파헤치기

음료수 $\frac{9}{10}$ L를 3개의 컵에 똑같이 나누어 담고

그중에서 2개의 컵에 들어 있는 음료수를 마셨습니다. 마신 음료수는 몇 L입니까?

식 세우기

한 컵에 담은 음료수의 양:
$\frac{9}{10} \div \boxed{}$

마신 음료수의 양:
$\frac{9}{10} \div \boxed{} \times \boxed{}$

답 : _____

❸ 한 봉지에 $\dfrac{2}{3}$ kg씩 들어 있는 소금이 6봉지 있습니다.

이 소금을 8명이 똑같이 나누어 가진다면
한 명이 가지는 소금은 몇 kg입니까?

식 : _____

답 : _____

❹ 한 병에 $1\dfrac{13}{15}$ L씩 들어 있는 물이 5병 있습니다.

이 물을 일주일 동안 똑같이 나누어 마시려면
하루에 마셔야 할 물은 몇 L입니까?

식 : _____

답 : _____

❺ 수수깡 $3\dfrac{3}{4}$ m를 15도막으로 똑같이 나누고

그중에서 7도막을 사용하여 집 모형을 만들었습니다.
집 모형을 만드는 데 사용한 수수깡은 몇 m입니까?

식 : _____

답 : _____

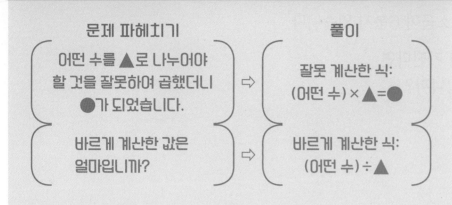

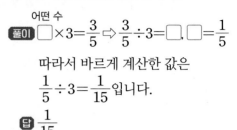

● 문제를 읽고 해결하기

어떤 수를 3으로 나누어야 할 것을 잘못 하여 곱했더니 $\frac{3}{5}$이 되었습니다.

바르게 계산한 값은 얼마입니까?

어떤 수
풀이 $\square \times 3 = \frac{3}{5} \Rightarrow \frac{3}{5} \div 3 = \square, \square = \frac{1}{5}$

따라서 바르게 계산한 값은

$\frac{1}{5} \div 3 = \frac{1}{15}$입니다.

답 $\frac{1}{15}$

❶ 어떤 수를 2로 나누어야 할 것을 잘못하여 곱했더니 $\frac{6}{11}$이 되었습니다.

바르게 계산한 값은 얼마입니까?

✎ 풀이 공간

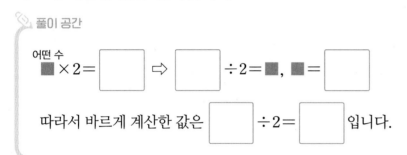

어떤 수
$\blacksquare \times 2 = \boxed{} \Rightarrow \boxed{} \div 2 = \blacksquare, \blacksquare = \boxed{}$

따라서 바르게 계산한 값은 $\boxed{} \div 2 = \boxed{}$ 입니다.

답 : _____

❷ 어떤 수를 4로 나누어야 할 것을 잘못하여 곱했더니 $2\frac{2}{7}$가 되었습니다.

바르게 계산한 값은 얼마입니까?

어떤 수
$\blacksquare \times 4 = \boxed{} \Rightarrow \boxed{} \div 4 = \blacksquare, \blacksquare = \boxed{}$

따라서 바르게 계산한 값은 $\boxed{} \div 4 = \boxed{}$ 입니다.

답 : _____

❸ 어떤 수를 7로 나누어야 할 것을 잘못하여 곱했더니 5가 되었습니다.
바르게 계산한 값은 얼마입니까?

답 : _____

❹ 어떤 수를 3으로 나누어야 할 것을 잘못하여 곱했더니 $\dfrac{6}{7}$이 되었습니다.

바르게 계산한 값은 얼마입니까?

답 : _____

❺ 어떤 수를 4로 나누어야 할 것을 잘못하여 곱했더니 $4\dfrac{2}{3}$가 되었습니다.

바르게 계산한 값은 얼마입니까?

답 : _____

○ 계산을 하여 기약분수로 나타내어 보시오.

1 $3 \div 9 =$

2 $7 \div 4 =$

3 $\dfrac{4}{7} \div 2 =$

4 $\dfrac{5}{9} \div 5 =$

5 $\dfrac{8}{3} \div 4 =$

6 $\dfrac{12}{7} \div 3 =$

7 $\dfrac{3}{4} \div 2 =$

8 $\dfrac{9}{10} \div 6 =$

9 $\dfrac{11}{6} \div 3 =$

10 $\dfrac{15}{8} \div 9 =$

11 $1\dfrac{4}{5} \div 3 =$

12 $3\dfrac{1}{7} \div 4 =$

13 $\dfrac{3}{4} \div 2 \times 5 =$

14 $2\dfrac{7}{10} \times 4 \div 9 =$

15 주스 $\frac{6}{7}$ L를 3명이 똑같이 나누어 마셨습니다. 한 명이 마신 주스는 몇 L입니까?

식 _____

답 _____

16 끈 $5\frac{7}{9}$ m를 4도막으로 똑같이 나누어 잘랐습니다. 끈 한 도막은 몇 m입니까?

식 _____

답 _____

17 한 병에 $\frac{2}{15}$ L씩 들어 있는 우유가 5병 있습니다. 이 우유를 6일 동안 똑같이 나누어 마시려면 하루에 마셔야 할 우유는 몇 L입니까?

식 _____

답 _____

18 쌀 $8\frac{1}{10}$ kg을 9봉지에 똑같이 나누어 담고 그중에서 5봉지를 사용하여 밥을 지었습니다. 밥을 짓는 데 사용한 쌀은 몇 kg입니까?

식 _____

답 _____

19 어떤 수를 5로 나누어야 할 것을 잘못하여 곱했더니 $8\frac{3}{4}$이 되었습니다. 바르게 계산한 값은 얼마입니까?

(   )

20 수 카드 3장을 모두 한 번씩만 사용하여 몫이 가장 큰 (분수)÷(자연수)를 만들고 계산해 보시오.

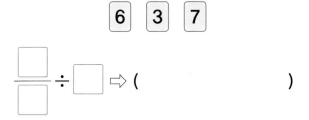

$$\frac{\square}{\square} \div \square \Rightarrow (\qquad\qquad)$$

각기둥과 각뿔

◆ 맞힌 개수와 걸린 시간을 작성해 보세요.

학습 내용	일 차	맞힌 개수	걸린 시간
⑩ 밑면과 옆면을 보고 입체도형의 이름 알기	6일 차	/10개	/8분
⑪ 전개도에서 선분의 길이 구하기	7일 차	/10개	/9분
⑫ 면, 모서리, 꼭짓점의 수를 알 때 각기둥의 이름 알기	8일 차	/16개	/12분
⑬ 면, 모서리, 꼭짓점의 수를 알 때 각뿔의 이름 알기			
⑭ 각기둥의 모든 모서리의 길이의 합 구하기	9일 차	/12개	/12분
⑮ 각뿔의 모든 모서리의 길이의 합 구하기			
평가 2. 각기둥과 각뿔	10일 차	/15개	/17분

1 각기둥

위아래의 면이
서로 **평행**하고 **합동**인 **다각형**으로
이루어진 입체도형 → **각기둥**

  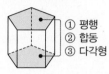
○ 각기둥을 모두 찾아보시오.

❶

가	나	다	라	마
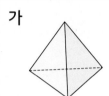				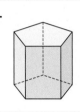

(   )

❷

가	나	다	라	마
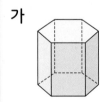			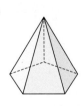	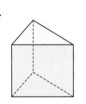

(   )

❸

가	나	다	라	마
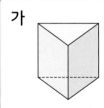	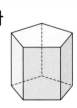		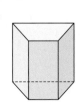	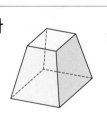

(   )

② 각기둥의 밑면과 옆면

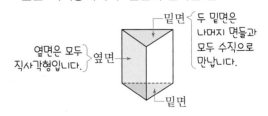

● 각기둥의 밑면과 옆면
· **밑면**: 각기둥에서 서로 평행하고 합동인 두 면
· **옆면**: 각기둥에서 두 밑면과 만나는 면

각기둥에서

서로 **평행**하고 **합동**인 두 면 ➡ **밑면**
두 **밑면과 만나**는 면 ➡ **옆면**

○ 각기둥에서 밑면과 옆면을 모두 찾아 써 보시오.

④

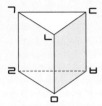

밑면 (   )
옆면 (   )

⑦

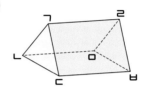

밑면 (   )
옆면 (   )

⑤

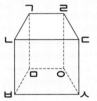

밑면 (   )
옆면 (   )

⑧

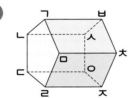

밑면 (   )
옆면 (   )

⑥

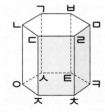

밑면 (   )
옆면 (   )

⑨

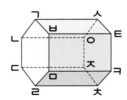

밑면 (   )
옆면 (   )

밑면이 ■각형인
각기둥의 이름
→ ■각기둥

● 각기둥의 이름

각기둥은 밑면의 모양에 따라 이름이 정해집니다.

밑면의 모양	삼각형	사각형	오각형
각기둥의 이름	삼각기둥	사각기둥	오각기둥

참고 각기둥의 밑면의 모양이 사다리꼴, 평행사변형, 마름모라고 하더라도 모두 사각형이기 때문에 사각기둥이라고 할 수 있습니다.

○ 각기둥을 보고 밑면의 모양과 각기둥의 이름을 써 보시오.

❶

밑면의 모양 (   )
각기둥의 이름 (   )

❹

밑면의 모양 (   )
각기둥의 이름 (   )

❷

밑면의 모양 (   )
각기둥의 이름 (   )

❺

밑면의 모양 (   )
각기둥의 이름 (   )

❸

밑면의 모양 (   )
각기둥의 이름 (   )

❻

밑면의 모양 (   )
각기둥의 이름 (   )

4 각기둥의 구성 요소

각기둥에서

면과 면이 만나는 선분 ➡ **모서리**

모서리와 모서리가 만나는 점 ➡ **꼭짓점**

두 밑면 사이의 거리 ➡ **높이**

- **각기둥의 구성 요소**
- **모서리**: 면과 면이 만나는 선분
- **꼭짓점**: 모서리와 모서리가 만나는 점
- **높이**: 두 밑면 사이의 거리

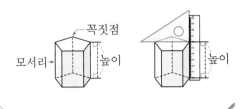

○ 각기둥을 보고 빈칸에 알맞은 수를 써넣으시오.

7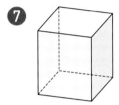

한 밑면의 변의 수(개)	
꼭짓점의 수(개)	
면의 수(개)	
모서리의 수(개)	

8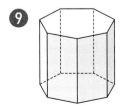

한 밑면의 변의 수(개)	
꼭짓점의 수(개)	
면의 수(개)	
모서리의 수(개)	

9

한 밑면의 변의 수(개)	
꼭짓점의 수(개)	
면의 수(개)	
모서리의 수(개)	

○ 각기둥의 높이는 몇 cm인지 구해 보시오.

10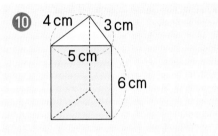

( )

11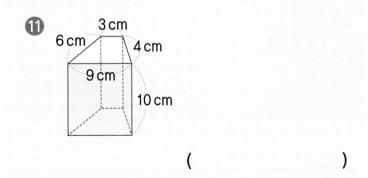

( )

12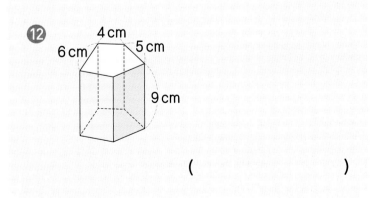

( )

각기둥의 모서리를 잘라서
평면 위에 펼친 그림
→ **각기둥의 전개도**

● **각기둥의 전개도**

각기둥의 **전개도**: 각기둥의 모서리를 잘라서 평면 위에
펼쳐 놓은 그림

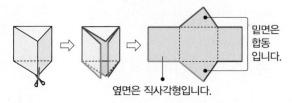

밑면은 합동입니다.

옆면은 직사각형입니다.

참고 전개도는 어느 모서리를 자르는가에 따라 여러 가지
모양이 나올 수 있습니다.

○ 왼쪽 각기둥의 전개도를 찾아 ○표 하시오.

①

  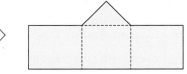 (   )

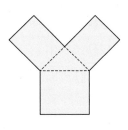 (   )

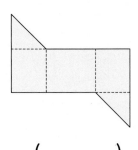 (   )

②

 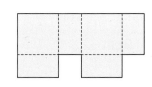 (   )

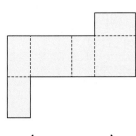 (   )

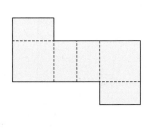 (   )

③

 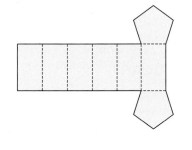 (   )

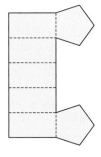 (   )

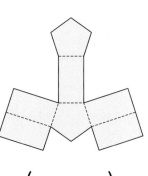 (   )

○ 전개도를 접었을 때 만들어지는 입체도형의 이름을 써 보시오.

4

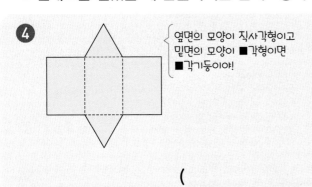

> 옆면의 모양이 직사각형이고
> 밑면의 모양이 ■각형이면
> ■각기둥이야!

(   )

8

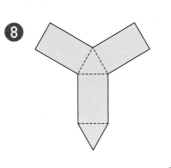

(   )

5

(   )

9

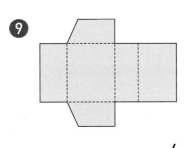

(   )

6

(   )

10

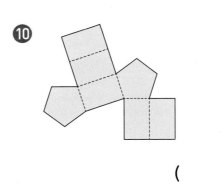

(   )

7

(   )

11

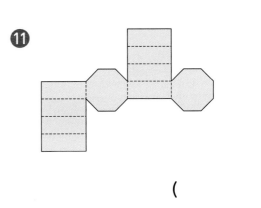

(   )

6 각뿔

밑에 놓인 면이 **다각형**이고

옆으로 둘러싼 면이 모두

삼각형인 입체도형

➡️ **각뿔**

● 각뿔

각뿔: 밑에 놓인 면이 다각형이고 옆으로 둘러싼 면이 모두 삼각형인 입체도형

삼각형

다각형

○ 각뿔을 모두 찾아보시오.

1

가 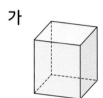 나   다   라 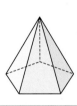 마

( )

2

가 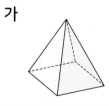 나   다 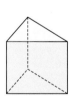 라 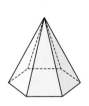 마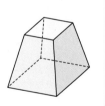

( )

3

가  나 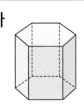 다   라  마

( )

7 각뿔의 밑면과 옆면

각뿔에서

밑에 놓인 면 ➡ **밑면**

밑면과 만나는 면 ➡ **옆면**

● **각뿔의 밑면과 옆면**
• **밑면**: 각뿔에서 밑에 놓인 면
• **옆면**: 각뿔에서 밑면과 만나는 면

옆면은 모두 삼각형입니다.

○ 각뿔에서 밑면과 옆면을 모두 찾아 써 보시오.

4

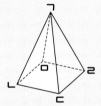

밑면 (   )
옆면 (   )

7

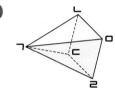

밑면 (   )
옆면 (   )

5

밑면 (   )
옆면 (   )

8

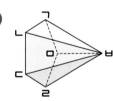

밑면 (   )
옆면 (   )

6

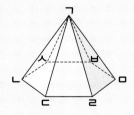

밑면 (   )
옆면 (   )

9

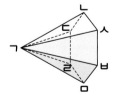

밑면 (   )
옆면 (   )

밑면이 ■각형인

각뿔의 이름

→ ■각뿔

● 각뿔의 이름

각뿔은 밑면의 모양에 따라 이름이 정해집니다.

밑면의 모양	삼각형	사각형	오각형
각뿔의 이름	삼각뿔	사각뿔	오각뿔

참고 각뿔의 밑면의 모양이 사다리꼴, 평행사변형, 마름모라고 하더라도 모두 사각형이기 때문에 사각뿔이라고 할 수 있습니다.

○ 각뿔을 보고 밑면의 모양과 각뿔의 이름을 써 보시오.

❶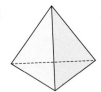

밑면의 모양 (   )
각뿔의 이름 (   )

❷

밑면의 모양 (   )
각뿔의 이름 (   )

❸

밑면의 모양 (   )
각뿔의 이름 (   )

❹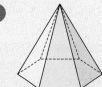

밑면의 모양 (   )
각뿔의 이름 (   )

❺

밑면의 모양 (   )
각뿔의 이름 (   )

❻

밑면의 모양 (   )
각뿔의 이름 (   )

9 각뿔의 구성 요소

각뿔에서
면과 면이 만나는 선분 ➜ **모서리**

모서리와 모서리가 만나는 점 ➜ **꼭짓점**

옆면이 모두 만나는 꼭짓점
➜ **각뿔의 꼭짓점**

각뿔의 꼭짓점에서 밑면에 수직인 선분의 길이
➜ **높이**

● 각뿔의 구성 요소
· **모서리**: 면과 면이 만나는 선분
· **꼭짓점**: 모서리와 모서리가 만나는 점
· **각뿔의 꼭짓점**: 꼭짓점 중에서 옆면이
　　　　　　　모두 만나는 점
· **높이**: 각뿔의 꼭짓점에서 밑면에 수직인
　　　선분의 길이

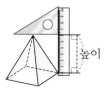

○ 각뿔을 보고 빈칸에 알맞은 수를 써넣으시오.

7

밑면의 변의 수(개)	
꼭짓점의 수(개)	
면의 수(개)	
모서리의 수(개)	

8

밑면의 변의 수(개)	
꼭짓점의 수(개)	
면의 수(개)	
모서리의 수(개)	

9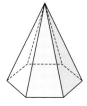

밑면의 변의 수(개)	
꼭짓점의 수(개)	
면의 수(개)	
모서리의 수(개)	

○ 각뿔의 높이는 몇 cm인지 구해 보시오.

10 6 cm 5 cm 3 cm

(　　　　　　　　)

11 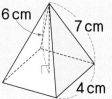 6 cm 7 cm 4 cm

(　　　　　　　　)

12 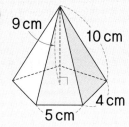 9 cm 10 cm 4 cm 5 cm

(　　　　　　　　)

밑면이 2개
옆면이 직사각형 ⎫ **각기둥**

밑면이 1개
옆면이 삼각형 ⎫ **각뿔**

● 밑면과 옆면의 모양과 그 수를 보고 입체도형의 이름 알기

	㉠		㉡	
	밑면	옆면	밑면	옆면
면의 모양	▢	▭	△	△
면의 수(개)	2	4	1	3

• ㉠: 밑면이 2개, 옆면이 직사각형이므로 각기둥이고,
  밑면이 사각형이므로 사각기둥입니다.
• ㉡: 밑면이 1개, 옆면이 삼각형이므로 각뿔이고,
  밑면이 삼각형이므로 삼각뿔입니다.

○ 밑면과 옆면의 모양과 수가 다음과 같은 입체도형의 이름을 써 보시오.

❶

면의 모양	밑면	옆면
	△	▭
면의 수(개)	2	3

( )

❸

면의 모양	밑면	옆면
	▢	△
면의 수(개)	1	4

( )

❷

면의 모양	밑면	옆면
	⬠	▭
면의 수(개)	2	5

( )

❹

면의 모양	밑면	옆면
	⬡	△
면의 수(개)	1	6

( )

⑤

면의 모양	밑면	옆면
면의 수(개)	2	6

(   )

⑧

면의 모양	밑면	옆면
면의 수(개)	1	7

(   )

⑥

면의 모양	밑면	옆면
면의 수(개)	1	5

(   )

⑨

면의 모양	밑면	옆면
면의 수(개)	2	8

(   )

⑦

면의 모양	밑면	옆면
면의 수(개)	2	7

(   )

⑩

면의 모양	밑면	옆면
면의 수(개)	1	10

(   )

전개도를 접었을 때
맞닿는 선분의
길이는 같아!

● 전개도에서 선분 ㉠, ㉡, ㉢의 길이 구하기

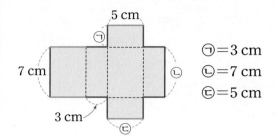

㉠=3 cm
㉡=7 cm
㉢=5 cm

○ 전개도를 보고 ☐ 안에 알맞은 수를 써넣으시오.

❶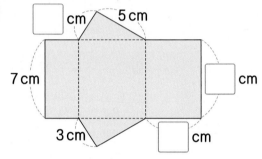

❷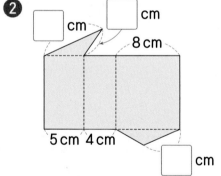

❸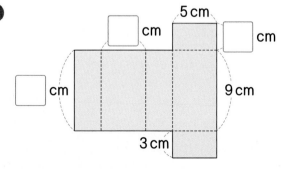

❹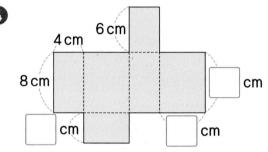

❺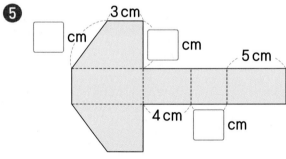

❻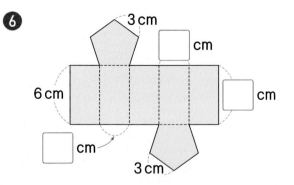

◎ 전개도를 접어서 각기둥을 만들었습니다. ☐ 안에 알맞은 수를 써넣으시오.

❼

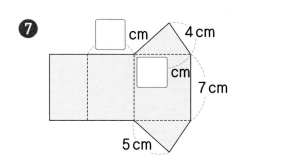

⇨

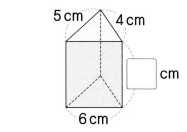

❽

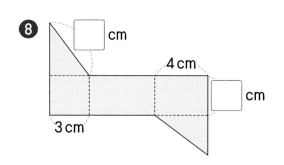

⇨

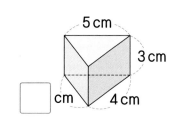

❾

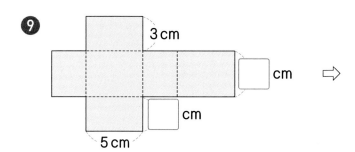

⇨

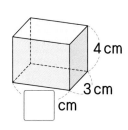

❿

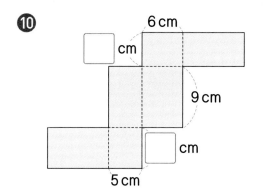

⇨

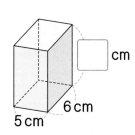

개념플러스연산 파워 6-1

$■$각기둥 $\begin{cases} (면의 수)=■+2 \\ (꼭짓점의 수)=■×2 \\ (모서리의 수)=■×3 \end{cases}$

- 꼭짓점이 **10개**인 각기둥의 이름 알기

각기둥의 한 밑면의 변의 수를 ☐라 하면

☐×2＝10, ☐＝5입니다.

⇨ 밑면의 모양이 오각형이므로

오각기둥입니다.

○ 설명하는 각기둥의 이름을 써 보시오.

1
| 면이 5개입니다. |

(   )

2
| 면이 7개입니다. |

(   )

3
| 꼭짓점이 6개입니다. |

(   )

4
| 꼭짓점이 8개입니다. |

(   )

5
| 모서리가 15개입니다. |

(   )

6
| 모서리가 21개입니다. |

(   )

7
| 면이 8개입니다. |

(   )

8
| 꼭짓점이 12개입니다. |

(   )

⑬ 면, 모서리, 꼭짓점의 수를 알 때 각뿔의 이름 알기

■각뿔 ⎧ (면의 수)=■+1
⎨ (꼭짓점의 수)=■+1
⎩ (모서리의 수)=■×2

● 모서리가 8개인 각뿔의 이름 알기

각뿔의 밑면의 변의 수를 ☐라 하면
☐×2=8, ☐=4입니다.
⇨ 밑면의 모양이 사각형이므로
사각뿔입니다.

○ 설명하는 각뿔의 이름을 써 보시오.

⑨
면이 4개입니다.

( )

⑬
모서리가 10개입니다.

( )

⑩
면이 5개입니다.

( )

⑭
모서리가 14개입니다.

( )

⑪
꼭짓점이 6개입니다.

( )

⑮
면이 8개입니다.

( )

⑫
꼭짓점이 7개입니다.

( )

⑯
꼭짓점이 9개입니다.

( )

밑면의 모서리의 길이의 합 **+** 옆면의 모서리의 길이의 합

=

$\left(\begin{array}{c}\text{한 밑면의}\\\text{모서리의 길이}\end{array}\right) \times 2$

• 그림과 같이 밑면이 정사각형인 각기둥의 모든 모서리의 길이의 합 구하기

• 2 cm인 모서리: 8개
• 5 cm인 모서리: 4개

⇨ (모든 모서리의 길이의 합)＝2×8＋5×4
＝36(cm)

○ 각기둥의 밑면의 모양이 다음과 같이 주어졌을 때, 모든 모서리의 길이의 합은 몇 cm인지 구해 보시오.

❶ 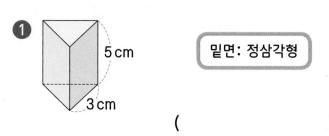 5 cm 3 cm

밑면: 정삼각형

(   )

❹ 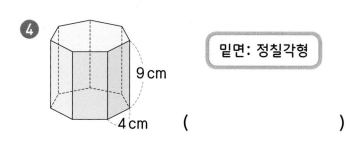 9 cm 4 cm

밑면: 정칠각형

(   )

❷ 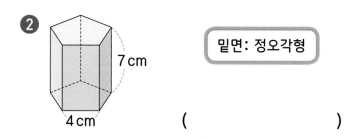 7 cm 4 cm

밑면: 정오각형

(   )

❺ 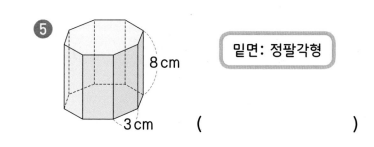 8 cm 3 cm

밑면: 정팔각형

(   )

❸ 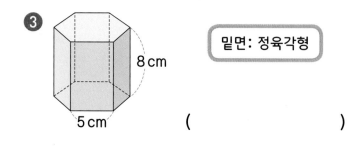 8 cm 5 cm

밑면: 정육각형

(   )

❻ 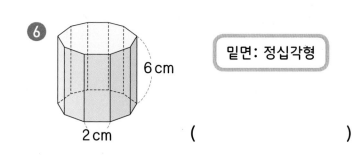 6 cm 2 cm

밑면: 정십각형

(   )

15 각뿔의 모든 모서리의 길이의 합 구하기

● 그림과 같이 밑면이 정삼각형이고 옆면이 모두 이등변
 삼각형인 각뿔의 모든 모서리의 길이의 합 구하기

5 cm

3 cm

• 3 cm인 모서리: 3개
• 5 cm인 모서리: 3개

⇨ (모든 모서리의 길이의 합)＝3×3＋5×3
        ＝24(cm)

○ 옆면이 모두 이등변삼각형인 각뿔입니다. 각뿔의 밑면의 모양이 다음과 같이 주어졌을 때, 모든 모서리의
 길이의 합은 몇 cm인지 구해 보시오.

 7
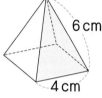

6 cm

4 cm

밑면: 정사각형

(   )

 10
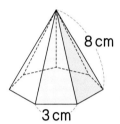

8 cm

3 cm

밑면: 정칠각형

(   )

8

8 cm

5 cm

밑면: 정오각형

(   )

11

9 cm

3 cm

밑면: 정팔각형

(   )

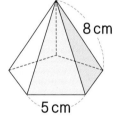

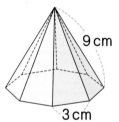

9

7 cm

4 cm

밑면: 정육각형

(   )

12

10 cm

2 cm

밑면: 정구각형

(   )

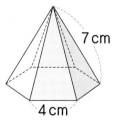

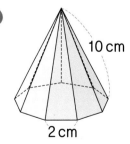

○ 각기둥과 각뿔을 각각 찾아 써 보시오.

1
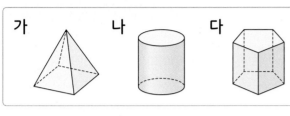
가　　　나　　　다

각기둥 (　　　　　　　　)
각뿔 (　　　　　　　　)

2
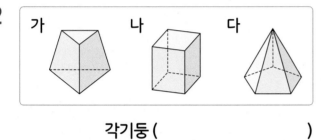
가　　　나　　　다

각기둥 (　　　　　　　　)
각뿔 (　　　　　　　　)

○ 입체도형을 보고 밑면의 모양과 입체도형의 이름을 써 보시오.

3

밑면의 모양 (　　　　　　　)
각기둥의 이름 (　　　　　　)

4

밑면의 모양 (　　　　　　　)
각뿔의 이름 (　　　　　　　)

○ 각기둥과 각뿔을 보고 빈칸에 알맞은 수를 써넣으시오.

5
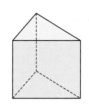

한 밑면의 변의 수(개)	
꼭짓점의 수(개)	
면의 수(개)	
모서리의 수(개)	

6
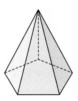

밑면의 변의 수(개)	
꼭짓점의 수(개)	
면의 수(개)	
모서리의 수(개)	

○ 전개도를 접었을 때 만들어지는 입체도형의 이름을 써 보시오.

7
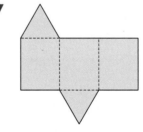

(　　　　　　　　)

8
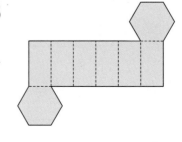

(　　　　　　　　)

○ 밑면과 옆면의 모양과 수가 다음과 같은 입체도형의 이름을 써 보시오.

9

면의 모양	밑면	옆면
면의 수(개)	2	4

(   )

10

면의 모양	밑면	옆면
면의 수(개)	1	5

(   )

11 전개도를 접어서 각기둥을 만들었습니다.
☐ 안에 알맞은 수를 써넣으시오.

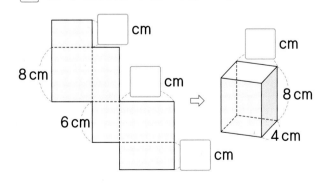

○ 설명하는 입체도형의 이름을 써 보시오.

12

> 모서리가 9개인 각기둥입니다.

(   )

13

> 꼭짓점이 8개인 각뿔입니다.

(   )

14 각기둥의 밑면이 정오각형일 때 모든 모서리의 길이의 합은 몇 cm인지 구해 보시오.

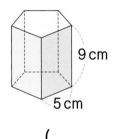

(   )

15 각뿔의 밑면이 정육각형이고, 옆면이 모두 이등변삼각형일 때 모든 모서리의 길이의 합은 몇 cm인지 구해 보시오.

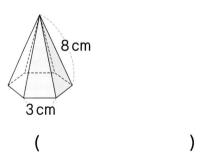

(   )

소수의 나눗셈

● 맞힌 개수와 걸린 시간을 작성해 보세요.

학습 내용	일 차	맞힌 개수	걸린 시간
⑩ 나누어지는 수가 같을 때 나누는 수와 몫의 관계	9일 차	/24개	/17분
⑪ 어떤 수 구하기	10일 차	/22개	/17분
⑫ 나눗셈식 완성하기	11일 차	/10개	/10분
⑬ 몫이 가장 큰 나눗셈식 만들기	12일 차	/12개	/15분
⑭ 몫이 가장 작은 나눗셈식 만들기			
⑮ 소수의 나눗셈 문장제 (1)	13일 차	/7개	/7분
⑯ 바르게 계산한 값 구하기	14일 차	/5개	/10분
⑰ 소수의 나눗셈 문장제 (2)	15일 차	/5개	/10분
평가 3. 소수의 나눗셈	16일 차	/20개	/25분

나누는 수가 같을 때

나누어지는 수가

$$\frac{1}{10}배, \frac{1}{100}배가 되면$$

$$몫도 \frac{1}{10}배, \frac{1}{100}배가 돼!$$

● 248÷2를 이용하여 24.8÷2와 2.48÷2 계산하기

나누는 수가 같을 때 나누어지는 수가 $\frac{1}{10}$배, $\frac{1}{100}$배가 되면 몫도 $\frac{1}{10}$배, $\frac{1}{100}$배가 되므로 몫의 소수점은 왼쪽으로 각각 한 칸, 두 칸 이동합니다.

$$248÷2=124$$
$$24.8÷2=12.4$$
$$2.48÷2=1.24$$

○ 자연수의 나눗셈을 이용하여 소수의 나눗셈을 계산해 보시오.

① 226÷2=113

22.6÷2=

2.26÷2=

④ 363÷3=121

36.3÷3=

3.63÷3=

⑦ 624÷2=312

62.4÷2=

6.24÷2=

② 264÷2=132

26.4÷2=

2.64÷2=

⑤ 426÷2=213

42.6÷2=

4.26÷2=

⑧ 826÷2=413

82.6÷2=

8.26÷2=

③ 306÷3=102

30.6÷3=

3.06÷3=

⑥ 505÷5=101

50.5÷5=

5.05÷5=

⑨ 933÷3=311

93.3÷3=

9.33÷3=

⑩ $282 \div 2 =$

$28.2 \div 2 =$

$2.82 \div 2 =$

⑪ $396 \div 3 =$

$39.6 \div 3 =$

$3.96 \div 3 =$

⑫ $448 \div 2 =$

$44.8 \div 2 =$

$4.48 \div 2 =$

⑬ $464 \div 2 =$

$46.4 \div 2 =$

$4.64 \div 2 =$

⑭ $488 \div 4 =$

$48.8 \div 4 =$

$4.88 \div 4 =$

⑮ $639 \div 3 =$

$63.9 \div 3 =$

$6.39 \div 3 =$

⑯ $648 \div 2 =$

$64.8 \div 2 =$

$6.48 \div 2 =$

⑰ $669 \div 3 =$

$66.9 \div 3 =$

$6.69 \div 3 =$

⑱ $688 \div 2 =$

$68.8 \div 2 =$

$6.88 \div 2 =$

⑲ $707 \div 7 =$

$70.7 \div 7 =$

$7.07 \div 7 =$

⑳ $848 \div 4 =$

$84.8 \div 4 =$

$8.48 \div 4 =$

㉑ $864 \div 2 =$

$86.4 \div 2 =$

$8.64 \div 2 =$

㉒ $882 \div 2 =$

$88.2 \div 2 =$

$8.82 \div 2 =$

㉓ $969 \div 3 =$

$96.9 \div 3 =$

$9.69 \div 3 =$

㉔ $999 \div 9 =$

$99.9 \div 9 =$

$9.99 \div 9 =$

자연수의 나눗셈과 같이 계산하고,
몫의 소수점은 나누어지는 수의
소수점을 올려 찍어!

● 13.2 ÷ 2의 계산

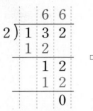

자연수의 나눗셈과
같은 방법으로
계산합니다.

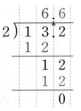

나누어지는 수의
소수점 위치에 맞춰
결괏값에 소수점을
올려 찍습니다.

○ 계산해 보시오.

①
$$2\overline{)5.4}$$

②
$$3\overline{)1\,0.2}$$

③
$$4\overline{)2\,1.6}$$

④
$$7\overline{)4\,6.2}$$

⑤
$$2\overline{)3.5\,6}$$

⑥
$$6\overline{)1\,5.7\,8}$$

⑦
$$7\overline{)2\,3.5\,9}$$

⑧
$$12\overline{)5\,6.1\,6}$$

⑨
$$16\overline{)4\,2.8\,8}$$

⑩ 7.6÷2＝

⑪ 8.4÷7＝

⑫ 13.8÷3＝

⑬ 21.2÷4＝

⑭ 31.5÷7＝

⑮ 35.4÷6＝

⑯ 42.4÷8＝

⑰ 51.6÷6＝

⑱ 53.1÷9＝

⑲ 63.2÷8＝

⑳ 5.61÷3＝

㉑ 7.95÷5＝

㉒ 17.37÷3＝

㉓ 24.64÷7＝

㉔ 35.16÷4＝

㉕ 42.75÷9＝

㉖ 50.52÷3＝

㉗ 66.15÷9＝

㉘ 76.15÷5＝

㉙ 81.64÷26＝

㉚ 92.04÷12＝

● 1.28÷4의 계산

$$\begin{array}{r} 3\,2 \\ 4\overline{)1\,2\,8} \\ 1\,2 \\ \hline 8 \\ 8 \\ \hline 0 \end{array} \Rightarrow \begin{array}{r} 0.3\,2 \\ 4\overline{)1.2\,8} \\ 1\,2 \\ \hline 8 \\ 8 \\ \hline 0 \end{array}$$

● 자연수 부분이 비어 있을 경우에는 일의 자리에 0을 씁니다.

참고 (소수)÷(자연수)에서 (자연수)>(소수)이면 (몫)<1입니다.

몫의 자연수 부분이 비어 있을 때,
일의 자리에 0을 써!

○ 계산해 보시오.

❶ 4)0.9 2

❷ 6)1.0 8

❸ 2)1.5 4

❹ 7)2.0 3

❺ 3)2.3 7

❻ 6)3.0 6

❼ 8)4.4 8

❽ 12)5.1 6

❾ 13)7.2 8

⑩ $0.75 \div 5 =$

⑪ $0.84 \div 6 =$

⑫ $1.54 \div 7 =$

⑬ $1.74 \div 3 =$

⑭ $1.95 \div 5 =$

⑮ $2.25 \div 5 =$

⑯ $2.85 \div 3 =$

⑰ $3.12 \div 4 =$

⑱ $3.68 \div 8 =$

⑲ $3.85 \div 5 =$

⑳ $4.06 \div 7 =$

㉑ $4.74 \div 6 =$

㉒ $5.22 \div 6 =$

㉓ $5.58 \div 9 =$

㉔ $6.44 \div 7 =$

㉕ $6.96 \div 8 =$

㉖ $7.11 \div 9 =$

㉗ $7.84 \div 8 =$

㉘ $8.01 \div 9 =$

㉙ $8.88 \div 12 =$

㉚ $10.05 \div 15 =$

소수점 아래 0을 내려 계산해야 하는
(소수) ÷ (자연수)

소수점 아래에서
나누어떨어지지 않을 때,
0을 내려 계산해!

● 3.5 ÷ 2의 계산

```
        1 7 5              1 7 5
   2 ) 3 5 0         2 ) 3.5 0 ──→ 계산이 끝나지
       2                   2          않으면 0을 하나
       1 5         ⇨       1 5        더 내려 계산합니다.
       1 4                 1 4
         1 0                 1 0
         1 0                 1 0
            0                   0
```

○ 계산해 보시오.

❶

$$5 \overline{)1.4}$$

❹

$$2 \overline{)4.5}$$

❼

$$6 \overline{)7.5}$$

❷

$$6 \overline{)2.1}$$

❺

$$2 \overline{)5.3}$$

❽

$$15 \overline{)9.6}$$

❸

$$4 \overline{)3.8}$$

❻

$$4 \overline{)6.6}$$

❾

$$22 \overline{)1\ 2.1}$$

⑩ $1.7 \div 2 =$

⑪ $2.3 \div 5 =$

⑫ $2.8 \div 8 =$

⑬ $3.4 \div 4 =$

⑭ $3.8 \div 5 =$

⑮ $3.9 \div 6 =$

⑯ $4.3 \div 5 =$

⑰ $5.4 \div 4 =$

일 걸린 시간 분 맞힌 개수

⑱ $5.7 \div 2 =$

⑲ $6.2 \div 4 =$

⑳ $6.9 \div 6 =$

㉑ $7.4 \div 4 =$

㉒ $8.2 \div 5 =$

㉓ $8.7 \div 6 =$

㉔ $9.3 \div 6 =$

㉕ $9.4 \div 4 =$

㉖ $10.6 \div 5 =$

㉗ $17.2 \div 8 =$

㉘ $23.1 \div 6 =$

㉙ $31.8 \div 12 =$

㉚ $39.2 \div 16 =$

5 몫의 소수 첫째 자리에 0이 있는 (소수)÷(자연수)

나누어야 할 수가 나누는 수보다 작을 때,

몫에 0을 쓰고
수를 하나 더 내려 계산해!

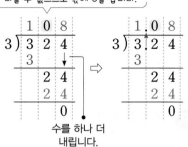

● 3.24÷3의 계산

내린 수 2가 나누는 수 3보다 작아서
나눌 수 없으므로 몫에 0을 씁니다.

```
      1 0 8              1 0 8
3) 3 2 4           3) 3 2 4
   3                   3
     2 4                 2 4
     2 4                 2 4
       0                   0
```

수를 하나 더
내립니다.

○ 계산해 보시오.

①
```
2) 2.1 6
```

②
```
4) 4.2 4
```

③
```
5) 5.4 5
```

④
```
7) 7.2 1
```

⑤
```
5) 1 0.3 5
```

⑥
```
8) 8.4
```

⑦
```
5) 1 0.4
```

⑧
```
12) 3 6.6
```

⑨
```
15) 4 5.3
```

⑩ $3.15 \div 3 =$

⑰ $15.45 \div 5 =$

㉔ $12.3 \div 6 =$

⑪ $4.28 \div 4 =$

⑱ $24.18 \div 6 =$

㉕ $15.3 \div 5 =$

⑫ $6.12 \div 3 =$

⑲ $32.48 \div 8 =$

㉖ $20.2 \div 4 =$

⑬ $7.63 \div 7 =$

⑳ $45.27 \div 9 =$

㉗ $24.4 \div 8 =$

⑭ $8.56 \div 8 =$

㉑ $5.4 \div 5 =$

㉘ $32.2 \div 4 =$

⑮ $9.72 \div 9 =$

㉒ $6.3 \div 6 =$

㉙ $30.6 \div 15 =$

⑯ $12.42 \div 6 =$

㉓ $8.1 \div 2 =$

㉚ $45.1 \div 22 =$

6 (자연수)÷(자연수)의 몫을 소수로 나타내기

계산할 수 없을 때까지 내림을 하고,

내릴 수가 없으면 **0을 내려 계산해!**

몫의 소수점은 자연수 바로 뒤에서 올려 찍어!

● 3÷5의 몫을 소수로 나타내기

몫의 소수점은 자연수 바로
뒤에서 올려 찍습니다.

$$5 \overline{)\,3\,0} \quad \Rightarrow \quad 5 \overline{)\,3\,0}$$

내릴 수가 없을 때
0을 내려 계산합니다.

○ 계산을 하여 몫을 소수로 나타내어 보시오.

❶

$$5 \overline{)\,4}$$

❷

$$30 \overline{)\,6}$$

❸

$$2 \overline{)\,1\,3}$$

❹

$$6 \overline{)\,3\,3}$$

❺

$$10 \overline{)\,4\,7}$$

❻

$$4 \overline{)\,5}$$

❼

$$12 \overline{)\,9}$$

❽

$$50 \overline{)\,1\,1}$$

❾

$$20 \overline{)\,2\,3}$$

⑩ $6 \div 4 =$

⑪ $8 \div 40 =$

⑫ $15 \div 2 =$

⑬ $21 \div 12 =$

⑭ $27 \div 5 =$

⑮ $36 \div 10 =$

⑯ $39 \div 5 =$

⑰ $42 \div 15 =$

⑱ $45 \div 6 =$

⑲ $63 \div 6 =$

⑳ $77 \div 22 =$

㉑ $3 \div 12 =$

㉒ $7 \div 50 =$

㉓ $13 \div 4 =$

㉔ $22 \div 8 =$

㉕ $26 \div 40 =$

㉖ $31 \div 20 =$

㉗ $46 \div 50 =$

㉘ $51 \div 12 =$

㉙ $62 \div 8 =$

㉚ $74 \div 40 =$

소수를 자연수로 나타내어 **어림셈**하고
몫의 소수점의 위치를 찾아!

● **10.8÷8의 몫의 소수점 위치 찾기**

① 10.8을 반올림하여 일의 자리까지 나타내면 11입니다.

② 10.8÷8 → [어림] 11÷8 ⇨ 약 1

③ [몫] 1.3 5 — 1.35는 1에 가깝습니다.

[참고] 반올림뿐 아니라 올림, 버림 등의 방법을 사용하여 올바른 소수점 위치를 찾을 수 있습니다.

○ 어림셈하여 ☐ 안에 알맞은 수를 써넣고 몫의 소수점 위치를 찾아 소수점을 찍어 보시오.

1

$5.92 \div 4$

[어림] ☐ ÷ ☐ ⇨ 약 ☐

[몫] 1☐4☐8

2

$16.76 \div 4$

[어림] ☐ ÷ ☐ ⇨ 약 ☐

[몫] 4☐1☐9

3

$29.35 \div 5$

[어림] ☐ ÷ ☐ ⇨ 약 ☐

[몫] 5☐8☐7

4

$36.9 \div 3$

[어림] ☐ ÷ ☐ ⇨ 약 ☐

[몫] 1☐2☐3

5

$62.8 \div 2$

[어림] ☐ ÷ ☐ ⇨ 약 ☐

[몫] 3☐1☐4

6

$74.16 \div 12$

[어림] ☐ ÷ ☐ ⇨ 약 ☐

[몫] 6☐1☐8

◎ 어림셈하여 몫의 소수점 위치가 올바른 식을 찾아 ◯표 하시오.

7

$1.88 \div 2 = 940$

$1.88 \div 2 = 94$

$1.88 \div 2 = 9.4$

$1.88 \div 2 = 0.94$

11

$41.3 \div 7 = 59$

$41.3 \div 7 = 5.9$

$41.3 \div 7 = 0.59$

$41.3 \div 7 = 0.059$

8

$3.3 \div 4 = 825$

$3.3 \div 4 = 82.5$

$3.3 \div 4 = 8.25$

$3.3 \div 4 = 0.825$

12

$62.1 \div 3 = 207$

$62.1 \div 3 = 20.7$

$62.1 \div 3 = 2.07$

$62.1 \div 3 = 0.207$

9

$11.1 \div 5 = 222$

$11.1 \div 5 = 22.2$

$11.1 \div 5 = 2.22$

$11.1 \div 5 = 0.222$

13

$75.21 \div 23 = 327$

$75.21 \div 23 = 32.7$

$75.21 \div 23 = 3.27$

$75.21 \div 23 = 0.327$

10

$25.2 \div 6 = 420$

$25.2 \div 6 = 42$

$25.2 \div 6 = 4.2$

$25.2 \div 6 = 0.42$

14

$92.1 \div 15 = 614$

$92.1 \div 15 = 61.4$

$92.1 \div 15 = 6.14$

$92.1 \div 15 = 0.614$

화살표 방향에 따라 나눗셈식을 세워!

● 빈칸에 알맞은 수 구하기

○ 빈칸에 알맞은 소수를 써넣으시오.

❶
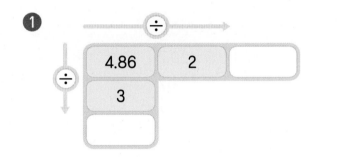

❷
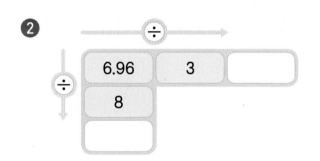

❸
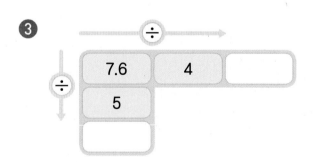

❹
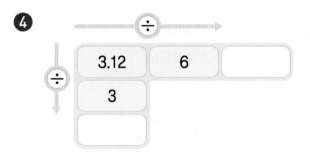

❺
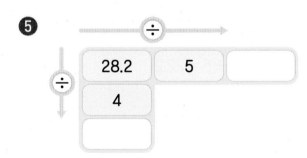

❻
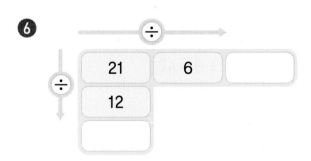

9 소수를 자연수로 나눈 몫 구하기

→ **나눗셈식**을 이용해!

● 소수를 자연수로 나눈 몫 구하기

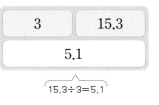

3	15.3
5.1	

$15.3 \div 3 = 5.1$

○ 소수를 자연수로 나눈 몫을 빈칸에 써넣으시오.

❼

4	8.08

⑪

9	6.39

❽

7.8	6

⑫

6	9.9

❾

3	12.87

⑬

11.4	4

❿

3.32	4

⑭

15.35	5

나누어지는 수가 같을 때

나누는 수가

10배, 100배가 되면

몫은 $\dfrac{1}{10}$ 배, $\dfrac{1}{100}$ 배가 돼!

● $39.6 \div 2$를 이용하여 $39.6 \div 20$과 $39.6 \div 200$ 계산하기

나누어지는 수가 같을 때 나누는 수가 10배, 100배가 되면 몫은 $\dfrac{1}{10}$ 배, $\dfrac{1}{100}$ 배가 되므로 몫의 소수점은 왼쪽으로 각각 한 칸, 두 칸 이동합니다.

$$39.6 \div 2 = 19.8$$
$$39.6 \div 20 = 1.98 \quad \dfrac{1}{10}\text{배}$$
$$39.6 \div 200 = 0.198 \quad \dfrac{1}{100}\text{배}$$

○ 계산해 보시오.

1
$$10.6 \div 1 = 10.6$$
$$10.6 \div 10 =$$
$$10.6 \div 100 =$$

4
$$39.3 \div 3 = 13.1$$
$$39.3 \div 30 =$$
$$39.3 \div 300 =$$

7
$$20.4 \div 6 = 3.4$$
$$20.4 \div 60 =$$
$$20.4 \div 600 =$$

2
$$21.4 \div 1 = 21.4$$
$$21.4 \div 10 =$$
$$21.4 \div 100 =$$

5
$$1.5 \div 3 = 0.5$$
$$1.5 \div 30 =$$
$$1.5 \div 300 =$$

8
$$9 \div 2 = 4.5$$
$$9 \div 20 =$$
$$9 \div 200 =$$

3
$$36.7 \div 1 = 36.7$$
$$36.7 \div 10 =$$
$$36.7 \div 100 =$$

6
$$6.5 \div 5 = 1.3$$
$$6.5 \div 50 =$$
$$6.5 \div 500 =$$

9
$$54 \div 4 = 13.5$$
$$54 \div 40 =$$
$$54 \div 400 =$$

⑩ 5.2÷1＝

　5.2÷10＝

　5.2÷100＝

⑮ 26.4÷8＝

　26.4÷80＝

　26.4÷800＝

⑳ 86.8÷4＝

　86.8÷40＝

　86.8÷400＝

⑪ 49÷1＝

　49÷10＝

　49÷100＝

⑯ 31.5÷5＝

　31.5÷50＝

　31.5÷500＝

㉑ 26÷5＝

　26÷50＝

　26÷500＝

⑫ 9.6÷3＝

　9.6÷30＝

　9.6÷300＝

⑰ 47.6÷7＝

　47.6÷70＝

　47.6÷700＝

㉒ 27÷6＝

　27÷60＝

　27÷600＝

⑬ 22.4÷2＝

　22.4÷20＝

　22.4÷200＝

⑱ 58.4÷2＝

　58.4÷20＝

　58.4÷200＝

㉓ 34÷4＝

　34÷40＝

　34÷400＝

⑭ 1.6÷4＝

　1.6÷40＝

　1.6÷400＝

⑲ 78.3÷3＝

　78.3÷30＝

　78.3÷300＝

㉔ 75÷2＝

　75÷20＝

　75÷200＝

곱셈과 나눗셈의 관계를 이용해!

$\blacksquare \times \blacktriangle = \bullet \Rightarrow \begin{bmatrix} \bullet \div \blacktriangle = \blacksquare \\ \bullet \div \blacksquare = \blacktriangle \end{bmatrix}$

- $\square \times 2 = 3.62$에서 $\square$의 값 구하기

$\square \times 2 = 3.62$

⇨ 곱셈과 나눗셈의 관계를 이용하면

$3.62 \div 2 = \square$, $\square = 1.81$

- $8 \times \square = 5.84$에서 $\square$의 값 구하기

$8 \times \square = 5.84$

⇨ 곱셈과 나눗셈의 관계를 이용하면

$5.84 \div 8 = \square$, $\square = 0.73$

○ 어떤 수($\square$)를 구해 보시오.

1 $\boxed{} \times 2 = 6.42$

2 $\boxed{} \times 5 = 8.15$

3 $\boxed{} \times 6 = 17.16$

4 $\boxed{} \times 3 = 2.88$

5 $\boxed{} \times 9 = 5.67$

6 $4 \times \boxed{} = 8.44$

7 $6 \times \boxed{} = 14.58$

8 $6 \times \boxed{} = 27.54$

9 $7 \times \boxed{} = 4.76$

10 $8 \times \boxed{} = 5.28$

⑪ $\boxed{} \times 8 = 7.6$

⑰ $2 \times \boxed{} = 3.1$

⑫ $\boxed{} \times 6 = 10.5$

⑱ $5 \times \boxed{} = 12.1$

⑬ $\boxed{} \times 4 = 4.12$

⑲ $2 \times \boxed{} = 4.18$

⑭ $\boxed{} \times 9 = 27.18$

⑳ $6 \times \boxed{} = 24.3$

⑮ $\boxed{} \times 6 = 51$

㉑ $4 \times \boxed{} = 22$

⑯ $\boxed{} \times 20 = 13$

㉒ $50 \times \boxed{} = 31$

세로 계산식에서
각 수를 구하는 방법을 생각해!

- ●=(■÷▲의 몫)
- ♥=▲×●, ▲=(♥÷●의 몫)
- ★=■−♥

● 나눗셈식에서 ☐의 값 구하기

$$4{\overline{\smash{)}6.㉠}}$$

몫: 1.6

- ☐에서
  ㉡=4×1=4,
  ㉢=6−4=2
- ☐에서
  ㉣−4=0 ⇨ ㉣=4,
  ㉠=㉣=4

○ 나눗셈식을 완성해 보시오.

❶

```
      1 . 4
  ☐ ) 5 . 6
      4
      ☐ ☐
      1   6
          0
```

❸

```
      0 . 9  6
  8 ) 7 . ☐ 8
      7   ☐
          4  8
      ☐ ☐
          0
```

❷

```
      1 . ☐
  6 ) 8 . ☐
      ☐
      ☐  4
      2  4
         0
```

❹

```
      0 . 7  ☐
  ☐ ) 7 . ☐ ☐
      6   3
      7   2
      7   2
          0
```

❺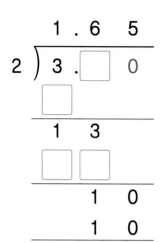

```
          1 . 6   5
  2 ) 3 . □   0
      □
      1   3
      □   □
          1   0
          1   0
              0
```

❻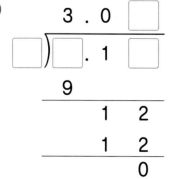

```
      2 . 0   □
  4 ) □ . □   0
      8
          2   □
          2   0
              0
```

❼

```
      3 . 0   □
  □ ) □ . 1   □
      9
          1   2
          1   2
              0
```

❽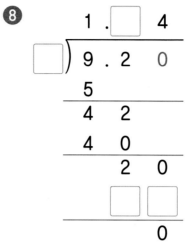

```
          1 . □   4
  □ ) 9 . 2   0
      5
      4   2
      4   0
          2   0
          □   □
              0
```

❾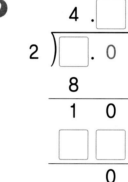

```
          4 . □
  2 ) □ . 0
      8
      1   0
      □   □
          0
```

❿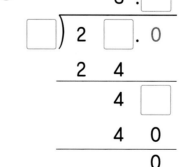

```
          3 . □
  □ ) 2 □ . 0
      2   4
          4   □
          4   0
              0
```

13 몫이 가장 큰 나눗셈식 만들기

(몫이 가장 큰 나눗셈식)
=(가장 큰 수)
÷(가장 작은 수)

- 수 카드를 한 번씩만 사용하여 몫이 가장 큰 나눗셈식 만들기

  | 2 | 4 | 6 | 8 |

  □.□÷□

- 가장 큰 소수 한 자리 수: 8.6
- 가장 작은 자연수: 2
⇨ 몫이 가장 큰 나눗셈식:
  $8.6 \div 2 = 4.3$

○ 수 카드가 4장 있습니다. 수 카드를 한 번씩만 사용하여 몫이 가장 큰 나눗셈식을 만들고 계산해 보시오.

❶ | 7 | 5 | 6 | 4 |

□.□÷□

( )

❹ | 8 | 9 | 6 | 5 |

□□.□÷□

( )

❷ | 3 | 6 | 8 | 7 |

□.□□÷□

( )

❺ | 4 | 2 | 5 | 3 |

□÷□

( )

❸ | 2 | 5 | 7 | 3 |

□.□÷□

( )

❻ | 5 | 7 | 9 | 8 |

□÷□

( )

14 몫이 가장 작은 나눗셈식 만들기

(몫이 가장 작은 나눗셈식)
=(가장 작은 수)
÷(가장 큰 수)

● 수 카드를 한 번씩만 사용하여
몫이 가장 작은 나눗셈식 만들기

| 1 | 6 | 7 | 8 |

☐.☐÷☐

• 가장 작은 소수 한 자리 수: 1.6
• 가장 큰 자연수: 8
⇨ 몫이 가장 작은 나눗셈식:
 $1.6 ÷ 8 = 0.2$

○ 수 카드가 4장 있습니다. 수 카드를 한 번씩만 사용하여 몫이 가장 작은 나눗셈식을 만들고 계산해 보시오.

❼ | 1 | 8 | 6 | 3 |

☐☐.☐÷☐

(   )

❿ | 3 | 1 | 4 | 5 |

☐☐.☐÷☐

(   )

❽ | 5 | 6 | 4 | 8 |

☐.☐☐÷☐

(   )

⓫ | 2 | 3 | 6 | 1 |

☐☐.☐÷☐

(   )

❾ | 2 | 6 | 0 | 4 |

☐.☐☐÷☐

(   )

⓬ | 4 | 5 | 1 | 2 |

☐÷☐

(   )

(15) 소수의 나눗셈 문장제 (1)

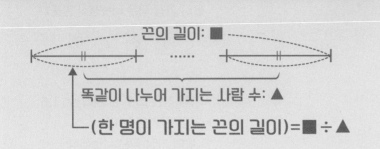

● 문제를 읽고 식을 세워 답 구하기

끈 12.6 m를 6명이 똑같이 나누어 가지려고 합니다.
한 명이 가질 수 있는 끈은 몇 m입니까?

식 12.6÷6=2.1

답 2.1 m

---

1 주스 6.02 L를 통 2개에 똑같이 나누어 담으려고 합니다.
통 한 개에 담을 수 있는 주스는 몇 L입니까?

계산 공간

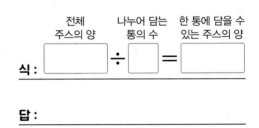

식 :

답 :

---

2 똑같은 구슬 5개의 무게를 재었더니 32.5 g이었습니다.
구슬 한 개의 무게는 몇 g입니까?

식 :

답 :

---

3 진우는 일주일 동안 우유 4.76 L를 마셨습니다.
매일 같은 양의 우유를 마셨다면 진우가 하루에 마신 우유는 몇 L입니까?

식 :

답 :

④ 음료수 1.88 L를 컵 4개에 똑같이 나누어 담으려고 합니다.
컵 한 개에 담을 수 있는 음료수는 몇 L입니까?

식 : _____

답 : _____

⑤ 먹이 6.48 kg을 소 6마리에게 똑같이 나누어 주려고 합니다.
소 한 마리에게 줄 수 있는 먹이는 몇 kg입니까?

식 : _____

답 : _____

⑥ 똑같은 책 8권의 무게는 26 kg입니다.
이 책 한 권의 무게는 몇 kg입니까?

식 : _____

답 : _____

⑦ 3천 원으로 색 테이프 4.89 m를 살 수 있습니다.
천 원으로 살 수 있는 색 테이프는 몇 m입니까?

식 : _____

답 : _____

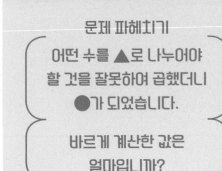

문제 파헤치기

어떤 수를 ▲로 나누어야
할 것을 잘못하여 곱했더니
●가 되었습니다.

바르게 계산한 값은
얼마입니까?

⇨

풀이

잘못 계산한 식:
(어떤 수) × ▲ = ●

바르게 계산한 식:
(어떤 수) ÷ ▲

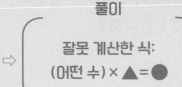

● 문제를 읽고 해결하기

어떤 수를 3으로 나누어야 할 것을 잘못
하여 곱했더니 10.89가 되었습니다.
바르게 계산한 값은 얼마입니까?

어떤 수
풀이 ☐ × 3 = 10.89
⇨ 10.89 ÷ 3 = ☐, ☐ = 3.63
따라서 바르게 계산한 값은
3.63 ÷ 3 = 1.21입니다.

답 1.21

❶ 어떤 수를 4로 나누어야 할 것을 잘못하여 곱했더니 5.28이 되었습니다.
바르게 계산한 값은 얼마입니까?

✎ 풀이 공간

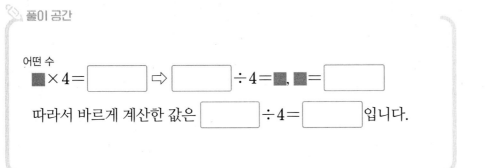

어떤 수
■ × 4 = [   ] ⇨ [   ] ÷ 4 = ■, ■ = [   ]
따라서 바르게 계산한 값은 [   ] ÷ 4 = [   ] 입니다.

답 : _____

❷ 어떤 수를 2로 나누어야 할 것을 잘못하여 곱했더니 16.2가 되었습니다.
바르게 계산한 값은 얼마입니까?

어떤 수
■ × 2 = [   ] ⇨ [   ] ÷ 2 = ■, ■ = [   ]
따라서 바르게 계산한 값은 [   ] ÷ 2 = [   ] 입니다.

답 : _____

③ 어떤 수를 3으로 나누어야 할 것을 잘못하여 곱했더니 9.18이 되었습니다.
바르게 계산한 값은 얼마입니까?

답 : _____

④ 어떤 수를 8로 나누어야 할 것을 잘못하여 곱했더니 25.6이 되었습니다.
바르게 계산한 값은 얼마입니까?

답 : _____

⑤ 어떤 수를 5로 나누어야 할 것을 잘못하여 곱했더니 37이 되었습니다.
바르게 계산한 값은 얼마입니까?

답 : _____

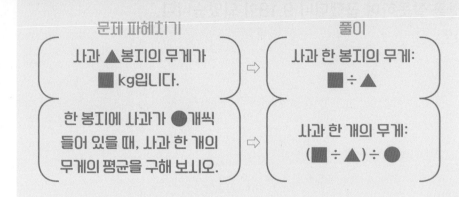

● 문제를 읽고 해결하기

사과 2봉지의 무게가 3.68 kg입니다.
한 봉지에 사과가 4개씩 들어 있을 때,
사과 한 개의 무게의 평균을 구해 보시오.
(단, 봉지의 무게는 생각하지 않습니다.)

풀이 (사과 한 봉지의 무게)
$=3.68 \div 2 = 1.84(\text{kg})$
$\Rightarrow$ (사과 한 개의 무게)
$=1.84 \div 4 = 0.46(\text{kg})$

답 0.46 kg

---

❶ 물 4.48 L를 통 2개에 똑같이 나누어 담았습니다.
한 통에 있는 물을 일주일 동안 매일 똑같이 마신다면
하루에 마시는 물은 몇 L입니까?

✎ 풀이 공간

(한 통에 담은 물의 양)$=4.48 \div 2 =$ ☐ (L)

$\Rightarrow$ (하루에 마시는 물의 양)$=$ ☐ $\div 7 =$ ☐ (L)

답 : _____

---

❷ 윤주가 5일 동안 공원을 돈 거리는 16.05 km입니다.
윤주가 공원을 하루에 3바퀴씩 돌았다면
공원 한 바퀴의 거리는 몇 km입니까?

(윤주가 하루에 공원을 돈 거리)$=16.05 \div 5 =$ ☐ (km)

$\Rightarrow$ (공원 한 바퀴의 거리)$=$ ☐ $\div 3 =$ ☐ (km)

답 : _____

③ 책이 들어 있는 상자 6개의 무게가 25.2 kg입니다.
똑같은 책이 한 상자에 5권씩 들어 있을 때,
책 한 권의 무게는 몇 kg입니까?
(단, 상자의 무게는 생각하지 않습니다.)

답 : _____

④ 끈 9.24 m를 3모둠의 학생들이 똑같이 나누어 가지려고 합니다.
한 모둠에 학생들이 4명 있다면
한 명이 가질 수 있는 끈은 몇 m입니까?

답 : _____

⑤ 자동차가 이틀 동안 달리는 데 사용한 기름이 93 L입니다.
이 자동차가 하루에 6 km씩 일정한 빠르기로 달렸을 때,
1 km를 달리는 데 사용한 기름은 몇 L입니까?

답 : _____

o 계산해 보시오.

1

$3 \overline{)8.7}$

2

$7 \overline{)2.24}$

3

$6 \overline{)19.5}$

4

$5 \overline{)15.4}$

5

$40 \overline{)12}$

6 $369 \div 3 =$

　　$36.9 \div 3 =$

　　$3.69 \div 3 =$

7 $5.6 \div 2 =$

8 $7.12 \div 4 =$

9 $5.28 \div 8 =$

10 $8.37 \div 9 =$

11 $14.7 \div 6 =$

12 $21.6 \div 5 =$

13 $14.35 \div 7 =$

14 $27 \div 4 =$

15 털실 4.92 m를 3명이 똑같이 나누어 가지려고 합니다. 한 명이 가질 수 있는 털실은 몇 m입니까?

식_____

답_____

16 일정한 빠르기로 7분 동안 2.38 cm 타는 양초가 있습니다. 이 양초가 1분 동안 타는 길이는 몇 cm입니까?

식_____

답_____

17 어떤 수를 6으로 나누어야 할 것을 잘못하여 곱했더니 82.8이 되었습니다. 바르게 계산한 값은 얼마입니까?

(   )

18 복숭아 2봉지의 무게가 3.2 kg입니다. 한 봉지에 복숭아가 5개씩 들어 있을 때, 복숭아 한 개의 무게의 평균을 구해 보시오. (단, 봉지의 무게는 생각하지 않습니다.)

(   )

19 음료수 12.84 L를 통 4개에 똑같이 나누어 담았습니다. 한 통에 있는 음료수를 3일 동안 매일 똑같이 마신다면 하루에 마시는 음료수는 몇 L인지 구해 보시오.

(   )

20 수 카드 4장 중 2장을 사용하여 몫이 가장 작은 나눗셈식을 만들고 계산해 보시오.

$$\boxed{6} \quad \boxed{1} \quad \boxed{8} \quad \boxed{5}$$

$$\boxed{} \div \boxed{}$$

(   )

4

비와 비율

◆ 맞힌 개수와 걸린 시간을 작성해 보세요.

두 수를 비교하기 위해

기호 :을 사용하여 나타낸 것 → 비

■ 대 ▲
■와 ▲의 비
▲에 대한 ■의 비
■의 ▲에 대한 비

→ ■ : ▲

● 비

비: 두 수를 나눗셈으로 비교하기 위해 기호 :을 사용하여 나타낸 것

예 사과 수와 참외 수의 비 구하기

쓰기 2 : 3

읽기 • 2 대 3   • 2와 3의 비
• 3에 대한 2의 비   • 2의 3에 대한 비

참고 2 : 3에서 기준은 3, 3 : 2에서 기준은 2이므로
2 : 3과 3 : 2는 다릅니다.

◌ 그림을 보고 비로 나타내어 보시오.

❶

• 모자 수와 안경 수의 비 ⇨ ☐ : ☐

• 안경 수의 모자 수에 대한 비 ⇨ ☐ : ☐

• 안경 수에 대한 모자 수의 비 ⇨ ☐ : ☐

❷

• 사탕 수와 초콜릿 수의 비 ⇨ ☐ : ☐

• 초콜릿 수의 사탕 수에 대한 비 ⇨ ☐ : ☐

• 초콜릿 수에 대한 사탕 수의 비 ⇨ ☐ : ☐

○ 비로 나타내어 보시오.

③ 2 대 3
⇨ (   )

⑩ 4에 대한 1의 비
⇨ (   )

⑰ 5 대 11
⇨ (   )

④ 3 대 8
⇨ (   )

⑪ 7에 대한 6의 비
⇨ (   )

⑱ 7과 5의 비
⇨ (   )

⑤ 5 대 4
⇨ (   )

⑫ 9에 대한 11의 비
⇨ (   )

⑲ 8에 대한 9의 비
⇨ (   )

⑥ 7 대 6
⇨ (   )

⑬ 10에 대한 3의 비
⇨ (   )

⑳ 9의 13에 대한 비
⇨ (   )

⑦ 4와 5의 비
⇨ (   )

⑭ 5의 9에 대한 비
⇨ (   )

㉑ 10과 15의 비
⇨ (   )

⑧ 5와 7의 비
⇨ (   )

⑮ 7의 12에 대한 비
⇨ (   )

㉒ 14에 대한 11의 비
⇨ (   )

⑨ 8과 9의 비
⇨ (   )

⑯ 11의 8에 대한 비
⇨ (   )

㉓ 17의 8에 대한 비
⇨ (   )

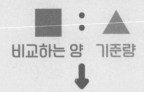

비교하는 양   기준량

(비율)
=(비교하는 양)÷(기준량)

- 비율
- 비 1 : 5
  - **기준량** ⇨ 기호 :의 오른쪽에 있는 수
  - **비교하는 양** ⇨ 기호 :의 왼쪽에 있는 수
- **비율**: 기준량에 대한 비교하는 양의 크기

$$(비율)=(비교하는\ 양)÷(기준량)=\frac{(비교하는\ 양)}{(기준량)}$$

예 비 1 : 5를 비율로 나타내면
$\frac{1}{5}$ 또는 0.2입니다.

○ 비교하는 양과 기준량을 찾아 쓰고, 비율을 분수와 소수로 나타내어 보시오.

비	비교하는 양	기준량	비율 분수	비율 소수
1 2 : 5				
2 3 대 10				
3 1과 4의 비				
4 5와 2의 비				
5 6에 대한 9의 비				
6 20에 대한 3의 비				
7 1의 8에 대한 비				
8 14의 5에 대한 비				

○ 비율을 분수와 소수로 나타내어 보시오.

⑨ 1 : 10

분수 (   )

소수 (   )

⑩ 6 대 5

분수 (   )

소수 (   )

⑪ 7 대 20

분수 (   )

소수 (   )

⑫ 9와 2의 비

분수 (   )

소수 (   )

⑬ 12와 15의 비

분수 (   )

소수 (   )

⑭ 2에 대한 17의 비

분수 (   )

소수 (   )

⑮ 16에 대한 12의 비

분수 (   )

소수 (   )

⑯ 20에 대한 6의 비

분수 (   )

소수 (   )

⑰ 4의 25에 대한 비

분수 (   )

소수 (   )

⑱ 7의 8에 대한 비

분수 (   )

소수 (   )

⑲ 1 : 20

분수 (   )

소수 (   )

⑳ 5 대 8

분수 (   )

소수 (   )

㉑ 9와 20의 비

분수 (   )

소수 (   )

㉒ 5에 대한 12의 비

분수 (   )

소수 (   )

㉓ 13의 20에 대한 비

분수 (   )

소수 (   )

기준량을 100으로 할 때의 비율 ➡ 백분율

(백분율)=(비율)×100

● 비율을 백분율로 나타내기

백분율: 기준량을 100으로 할 때의 비율로 기호 %(**퍼센트**)를 사용하여 나타냅니다.

예 비율 $\frac{3}{20}$ 을 백분율로 나타내기

방법1 $\frac{3}{20} = \frac{15}{100}$ ⇨ 15 % → 기준량이 100인 비율로 나타내고, 분자에 %를 붙입니다.

방법2 $\frac{3}{20} \times 100 = 15$ ⇨ 15 % → 비율에 100을 곱한 다음, 곱에 %를 붙입니다.

○ 비율을 백분율로 나타내어 보시오.

❶ 0.04
⇨ (   )

❷ 0.17
⇨ (   )

❸ 0.25
⇨ (   )

❹ 0.4
⇨ (   )

❺ 0.63
⇨ (   )

❻ 0.7
⇨ (   )

❼ 0.87
⇨ (   )

❽ 0.92
⇨ (   )

❾ 1.3
⇨ (   )

❿ 1.49
⇨ (   )

⓫ 1.56
⇨ (   )

⓬ 1.79
⇨ (   )

⓭ 1.8
⇨ (   )

⓮ 2.08
⇨ (   )

⓯ 3.51
⇨ (   )

⑯ $\dfrac{1}{4}$

⇨ (   )

㉓ $\dfrac{23}{20}$

⇨ (   )

㉚ $\dfrac{52}{40}$

⇨ (   )

⑰ $\dfrac{3}{5}$

⇨ (   )

㉔ $\dfrac{8}{25}$

⇨ (   )

㉛ $\dfrac{33}{50}$

⇨ (   )

⑱ $\dfrac{4}{8}$

⇨ (   )

㉕ $\dfrac{14}{25}$

⇨ (   )

㉜ $\dfrac{89}{50}$

⇨ (   )

⑲ $\dfrac{10}{8}$

⇨ (   )

㉖ $\dfrac{27}{30}$

⇨ (   )

㉝ $\dfrac{97}{100}$

⇨ (   )

⑳ $\dfrac{7}{10}$

⇨ (   )

㉗ $\dfrac{42}{30}$

⇨ (   )

㉞ $\dfrac{350}{200}$

⇨ (   )

㉑ $\dfrac{18}{15}$

⇨ (   )

㉘ $\dfrac{21}{35}$

⇨ (   )

㉟ $\dfrac{64}{400}$

⇨ (   )

㉒ $\dfrac{13}{20}$

⇨ (   )

㉙ $\dfrac{56}{35}$

⇨ (   )

㊱ $\dfrac{700}{500}$

⇨ (   )

백분율에서 기호
%를 없앤 후 100으로 나눠!

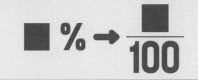

$$\blacksquare\% \rightarrow \frac{\blacksquare}{100}$$

- 16 %를 분수 또는 소수로 나타내기

예 16 %

- 분수로 나타내기
  $$\Rightarrow 16 \div 100 = \frac{16}{100} \left(= \frac{4}{25} \right)$$

- 소수로 나타내기
  $$\Rightarrow 16 \div 100 = 0.16$$

○ 백분율을 분수로 나타내어 보시오.

❶ 5 %
⇨ (   )

❻ 35 %
⇨ (   )

⓫ 86 %
⇨ (   )

❷ 7 %
⇨ (   )

❼ 46 %
⇨ (   )

⓬ 93 %
⇨ (   )

❸ 11 %
⇨ (   )

❽ 58 %
⇨ (   )

⓭ 109 %
⇨ (   )

❹ 24 %
⇨ (   )

❾ 61 %
⇨ (   )

⓮ 287 %
⇨ (   )

❺ 27 %
⇨ (   )

❿ 72 %
⇨ (   )

⓯ 373 %
⇨ (   )

○ 백분율을 소수로 나타내어 보시오.

⑯ 7 %
⇨ (   )

⑰ 8 %
⇨ (   )

⑱ 13 %
⇨ (   )

⑲ 23 %
⇨ (   )

⑳ 31 %
⇨ (   )

㉑ 36 %
⇨ (   )

㉒ 40 %
⇨ (   )

㉓ 47 %
⇨ (   )

㉔ 55 %
⇨ (   )

㉕ 59 %
⇨ (   )

㉖ 63 %
⇨ (   )

㉗ 70 %
⇨ (   )

㉘ 74 %
⇨ (   )

㉙ 82 %
⇨ (   )

㉚ 88 %
⇨ (   )

㉛ 96 %
⇨ (   )

㉜ 97 %
⇨ (   )

㉝ 110 %
⇨ (   )

㉞ 153 %
⇨ (   )

㉟ 260 %
⇨ (   )

㊱ 385 %
⇨ (   )

5 주어진 비만큼 색칠하기

■ : ▲

비교하는 양　기준량
↓　　　↓
색칠한 부분　**전체**

● 전체에 대한 색칠한 부분의 비가 1 : 3이
되도록 색칠하기

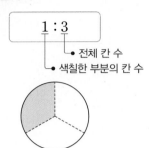

1 : 3
└ 전체 칸 수
└ 색칠한 부분의 칸 수

⇨ 전체 3칸 중에서 1칸을 색칠합니다.

○ 전체에 대한 색칠한 부분의 비가 주어진 비가 되도록 색칠해 보시오.

❶ 1 : 4

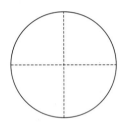

❷ 2 : 5

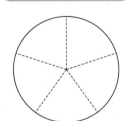

❸ 3 : 6

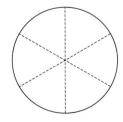

❹ 5 : 6

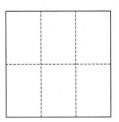

❺ 4 : 7

❻ 6 : 8

❼ 3 : 8

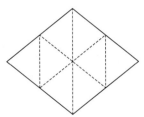

❽ 5 : 9

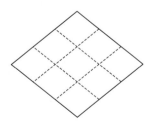

❾ 7 : 10

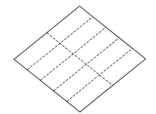

6 비를 백분율로 나타내기

• **3 : 10을 백분율로 나타내기**

3 : 10을 비율로 나타내면 $\dfrac{3}{10}$입니다.

⇨ $\dfrac{3}{10}$을 백분율로 나타내면

$\dfrac{3}{10} \times 100 = 30$(%)입니다.

○ 비를 백분율로 나타내어 보시오.

⑩ 1 : 5
   ⇨ (   )

⑭ 7과 20의 비
   ⇨ (   )

⑱ 22의 40에 대한 비
   ⇨ (   )

⑪ 2 : 8
   ⇨ (   )

⑮ 9와 30의 비
   ⇨ (   )

⑲ 9의 15에 대한 비
   ⇨ (   )

⑫ 4 대 10
   ⇨ (   )

⑯ 3의 4에 대한 비
   ⇨ (   )

⑳ 50에 대한 39의 비
   ⇨ (   )

⑬ 8 대 25
   ⇨ (   )

⑰ 11의 10에 대한 비
   ⇨ (   )

㉑ 100에 대한 127의 비
   ⇨ (   )

기준량 > 비교하는 양
→ 비율 < 1, 백분율 < 100 %

기준량 < 비교하는 양
→ 비율 > 1, 백분율 > 100 %

● 기준량이 비교하는 양보다 큰 것 구하기

71 %	1.05

기준량이 비교하는 양보다 크면 비율은 1, 백분율은 100 %보다 작습니다.

71 % < 100 % → 기준량 > 비교하는 양

1.05 > 1 → 기준량 < 비교하는 양

⇨ 기준량이 비교하는 양보다 큰 것은 71 %입니다.

○ 기준량이 비교하는 양보다 큰 것에 ○표 하시오.

1

$\dfrac{1}{2}$ 1.2

2

1.07 87 %

3

103 % $\dfrac{5}{7}$

4

0.95 $\dfrac{9}{8}$

5

$\dfrac{11}{10}$ 99 %

○ 기준량이 비교하는 양보다 작은 것에 ○표 하시오.

6

$\dfrac{2}{3}$ 1.01 53 %

7

0.6 89 % $\dfrac{7}{4}$

8

102 % $\dfrac{5}{6}$ 0.86

9

1.23 $\dfrac{8}{9}$ 98 %

10

$\dfrac{9}{11}$ 110 % 0.98

8 그림을 보고 비율을 백분율로 나타내기

● 그림을 보고 전체에 대한 색칠한 부분의 비율을 백분율로 나타내기

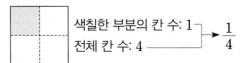

색칠한 부분의 칸 수: 1
전체 칸 수: 4 → $\frac{1}{4}$

⇨ 백분율로 나타내면
$\frac{1}{4} \times 100 = 25$(%)입니다.

비율
$\dfrac{(색칠한 부분)}{(전체)}$ → 백분율 $\dfrac{(색칠한 부분)}{(전체)} \times 100$

○ 그림을 보고 전체에 대한 색칠한 부분의 비율을 백분율로 나타내시오.

⓫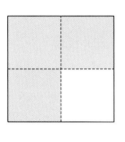

(   )

⓮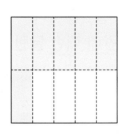

(   )

⓱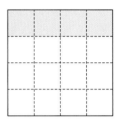

(   )

⓬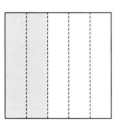

(   )

⓯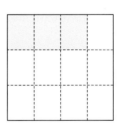

(   )

⓲

(   )

⓭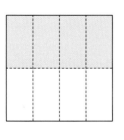

(   )

⓰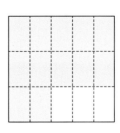

(   )

⓳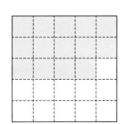

(   )

9 시간에 대한 거리의 비율, 넓이에 대한 인구의 비율 구하기

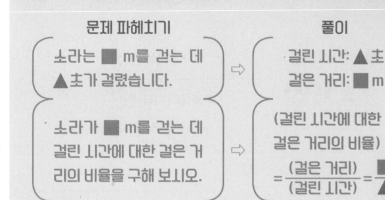

문제 파헤치기

소라는 ■ m를 걷는 데 ▲초가 걸렸습니다.

⇨

소라가 ■ m를 걷는 데 걸린 시간에 대한 걸은 거리의 비율을 구해 보시오.

⇨

풀이

걸린 시간: ▲초
걸은 거리: ■ m

(걸린 시간에 대한 걸은 거리의 비율)

$= \dfrac{(걸은\ 거리)}{(걸린\ 시간)} = \dfrac{■}{▲}$

● 문제를 읽고 해결하기

소라는 10 m를 걷는 데 5초가 걸렸습니다. 소라가 10 m를 걷는 데 걸린 시간에 대한 걸은 거리의 비율을 구해 보시오.

풀이 걸린 시간: 5초, 걸은 거리: 10 m

⇨ (걸린 시간에 대한 걸은 거리의 비율)

$= \dfrac{10}{5}(=2)$

답 $\dfrac{10}{5}(=2)$

---

1 현우는 200 m를 달리는 데 40초가 걸렸습니다.
현우가 200 m를 달리는 데 걸린 시간에 대한 달린 거리의 비율을 구해 보시오.

✎ 풀이 공간

걸린 시간: 40초, 달린 거리: ☐ m

⇨ (걸린 시간에 대한 달린 거리의 비율) $= \dfrac{\boxed{}}{40}\left(=\boxed{}\right)$

답 : _____

---

2 예원이네 마을의 넓이는 5 km²이고, 인구는 8000명입니다.
예원이네 마을의 넓이에 대한 인구의 비율을 구해 보시오.

마을의 넓이: 5 km², 인구: ☐ 명

⇨ (마을의 넓이에 대한 인구의 비율)

$= \dfrac{\boxed{}}{5}\left(=\boxed{}\right)$

답 : _____

3 전기 자전거를 타고 50 km를 가는 데 2시간이 걸렸습니다.
이 전기 자전거가 50 km를 가는 데
걸린 시간에 대한 간 거리의 비율을 구해 보시오.

답 : _____

4 자동차를 타고 320 km를 가는 데 4시간이 걸렸습니다.
이 자동차가 320 km를 가는 데
걸린 시간에 대한 간 거리의 비율을 구해 보시오.

답 : _____

5 어느 도시의 넓이는 60 km²이고, 인구는 192000명입니다.
어느 도시의 넓이에 대한 인구의 비율을 구해 보시오.

답 : _____

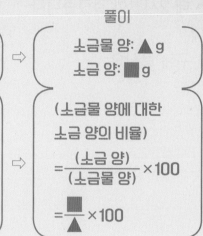

● 문제를 읽고 해결하기

소금 40 g을 녹여 소금물 200 g을
만들었습니다.
이 소금물에서 <u>소금물 양에 대한 소금 양의
비율</u>은 몇 %입니까?
┗• 소금물의
　　진하기

풀이 소금물 양: 200 g, 소금 양: 40 g
　　⇨ (소금물 양에 대한 소금 양의 비율)
　　　　$= \dfrac{40}{200} \times 100 = 20(\%)$

답 20 %

① 설탕 45 g을 녹여 설탕물 180 g을 만들었습니다.
이 설탕물에서 설탕물 양에 대한 설탕 양의 비율은 몇 %입니까?

✎ 풀이 공간

설탕물 양: 180 g, 설탕 양: ☐ g

⇨ (설탕물 양에 대한 설탕 양의 비율)

　$= \dfrac{\boxed{}}{180} \times 100 = \boxed{}$ (%)

답 : _____

② 준서는 흰색 물감 300 mL에 파란색 물감 9 mL를 섞어서
하늘색 물감을 만들었습니다. 준서가 만든 하늘색 물감에서
흰색 물감 양에 대한 파란색 물감 양의 비율은 몇 %입니까?

흰색 물감 양: 300 mL, 파란색 물감 양: ☐ mL

⇨ (흰색 물감 양에 대한 파란색 물감 양의 비율)

　$= \dfrac{\boxed{}}{300} \times 100 = \boxed{}$ (%)

답 : _____

③ 소금 99 g을 녹여 소금물 330 g을 만들었습니다.
이 소금물에서 소금물 양에 대한 소금 양의 비율은 몇 %입니까?

답 : _____

④ 나리는 물에 포도 원액 160 mL를 넣어 포도주스 400 mL를 만들었습니다.
나리가 만든 포도주스 양에 대한 포도 원액 양의 비율은 몇 %입니까?

답 : _____

⑤ 민아는 흰색 물감 500 mL에 빨간색 물감 10 mL를 섞어서
분홍색 물감을 만들었습니다. 민아가 만든 분홍색 물감에서
흰색 물감 양에 대한 빨간색 물감 양의 비율은 몇 %입니까?

답 : _____

득표율, 성공률, 찬성률, 타율 구하기

문제 파헤치기

지나네 반 회장 선거에서 ▲명이 투표에 참여했습니다. 그중 지나가 ■표를 얻었다면

⇨

풀이

투표 수: ▲표
득표 수: ■표

지나의 득표율은 몇 %입니까?

⇨

(득표율)

$$= \frac{(득표 수)}{(투표 수)} \times 100$$

$$= \frac{\blacksquare}{\blacktriangle} \times 100$$

● 문제를 읽고 해결하기

지나네 반 회장 선거에서 26명이 투표에 참여했습니다.
그중 지나가 13표를 얻었다면 지나의 득표율은 몇 %입니까?

풀이 투표 수: 26표, 득표 수: 13표
⇨ (지나의 득표율)
$$= \frac{13}{26} \times 100 = 50(\%)$$

답 50 %

---

① 하율이네 학교 전교 어린이 회장 선거에서 400명이 투표에 참여했습니다.
그중 하율이가 120표를 얻었다면 하율이의 득표율은 몇 %입니까?

✏️ 풀이 공간

투표 수: 400표, 득표 수: ☐ 표

⇨ (하율이의 득표율) $= \dfrac{\boxed{}}{400} \times 100 = \boxed{}$ (%)

답 : _____

---

② 도진이는 축구 연습을 했습니다.
공을 20번 차서 골대에 14번 넣었을 때 도진이의 성공률은 몇 %입니까?

찬 공 수: 20번, 넣은 공 수: ☐ 번

⇨ (도진이의 성공률) $= \dfrac{\boxed{}}{20} \times 100 = \boxed{}$ (%)

답 : _____

③ 어느 아파트 회장 선거에서 900명이 투표에 참여했습니다.
그중 가 후보가 495표를 얻었다면 가 후보의 득표율은 몇 %입니까?

답 : _____

④ 지효는 투호 놀이를 했습니다.
화살을 50번 던져서 31번 넣었을 때 지효의 성공률은 몇 %입니까?

답 : _____

⑤ 어느 학교에서 수학여행을 갈 때 배를 타는 것에 찬성하는 학생 수를 조사했습니다.
학생 200명 중에서 96명이 찬성했다면 찬성률은 몇 %입니까?

답 : _____

⑥ 어느 야구 선수는 60타수 중에서 안타를 24개 쳤습니다.
이 야구 선수의 타율은 몇 %입니까?

답 : _____

12 할인율, 이자율 구하기

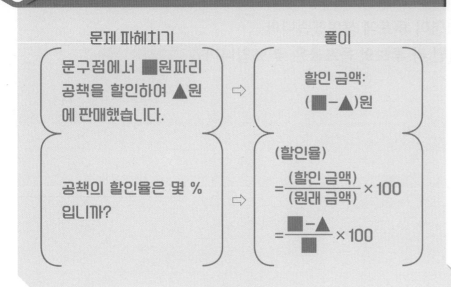

문제 파헤치기	풀이
문구점에서 ■원짜리 공책을 할인하여 ▲원에 판매했습니다.	할인 금액: (■−▲)원
공책의 할인율은 몇 % 입니까?	(할인율) $=\dfrac{(할인\ 금액)}{(원래\ 금액)}\times100$ $=\dfrac{■-▲}{■}\times100$

● 문제를 읽고 해결하기

문구점에서 1000원짜리 공책을 할인하여 900원에 판매했습니다.
공책의 할인율은 몇 %입니까?

풀이 (할인 금액)=1000−900=100(원)
⇨ (공책의 할인율)
$=\dfrac{100}{1000}\times100=10(\%)$

답 10 %

---

❶ 제과점에서 5000원짜리 빵을 할인하여 4000원에 판매했습니다.
빵의 할인율은 몇 %입니까?

✎ 풀이 공간

(할인 금액)$=5000-\boxed{}=\boxed{}$(원)

⇨ (빵의 할인율)$=\dfrac{\boxed{}}{5000}\times100=\boxed{}$(%)

답 : _____

---

❷ 한울이는 미소 은행에 예금한 돈을 찾았습니다.
미소 은행에 예금한 돈은 30000원인데 찾은 돈은 30600원입니다.
미소 은행의 이자율은 몇 %입니까?

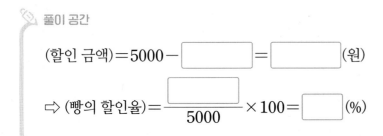

(이자)$=30600-\boxed{}=\boxed{}$(원)

⇨ (미소 은행의 이자율)$=\dfrac{\boxed{}}{30000}\times100=\boxed{}$(%)

답 : _____

❸ 장난감 가게에서 10000원짜리 로봇을 할인하여 8500원에 판매했습니다.
로봇의 할인율은 몇 %입니까?

답 : _____

❹ 서윤이가 미술관에 갔습니다. 미술관 입장료는 12000원인데
서윤이는 할인권을 이용하여 9000원을 냈습니다.
입장료의 할인율은 몇 %입니까?

답 : _____

❺ 현우는 행복 은행에 예금한 돈을 찾았습니다.
행복 은행에 예금한 돈은 60000원인데 찾은 돈은 61800원입니다.
행복 은행의 이자율은 몇 %입니까?

답 : _____

○ 그림을 보고 비로 나타내어 보시오.

1 마늘 수와 피망 수의 비 ⇨ □ : □

2 피망 수의 마늘 수에 대한 비 ⇨ □ : □

3 피망 수에 대한 마늘 수의 비 ⇨ □ : □

○ 비로 나타내어 보시오.

4 6 대 7
⇨ (   )

5 13의 8에 대한 비
⇨ (   )

○ 비율을 분수와 소수로 나타내어 보시오.

6
| 10과 4의 비 |

분수 (   )

소수 (   )

7
| 25에 대한 12의 비 |

분수 (   )

소수 (   )

○ 비율을 백분율로 나타내어 보시오.

8 0.49
⇨ (   )

9 $\dfrac{33}{20}$
⇨ (   )

○ 백분율을 분수로 나타내어 보시오.

10 28 %
⇨ (   )

11 107 %
⇨ (   )

○ 백분율을 소수로 나타내어 보시오.

12 53 %
⇨ (   )

13 346 %
⇨ (   )

14 전체에 대한 색칠한 부분의 비가 5 : 7이 되도록 색칠해 보시오.

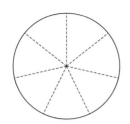

15 13의 10에 대한 비를 백분율로 나타내어 보시오.

(   )

16 기준량이 비교하는 양보다 작은 것에 ○표 하시오.

$$\frac{3}{4} \qquad 0.69 \qquad 105\ \%$$

17 그림을 보고 전체에 대한 색칠한 부분의 비율을 백분율로 나타내시오.

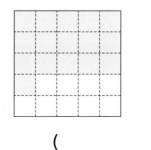

(   )

18 현서가 고속 철도를 타고 450 km를 가는 데 3시간이 걸렸습니다. 이 고속 철도가 450 km를 가는 데 걸린 시간에 대한 간 거리의 비율을 구해 보시오.

(   )

19 소금 91 g을 녹여 소금물 260 g을 만들었습니다. 이 소금물에서 소금물 양에 대한 소금 양의 비율은 몇 %입니까?

(   )

20 민형이는 농구공 던져 넣기를 했습니다. 공을 30번 던져서 18번 넣었을 때 민형이의 성공률은 몇 %입니까?

(   )

21 어느 과일 가게에서 25000원짜리 수박을 할인하여 22000원에 판매했습니다. 수박의 할인율은 몇 %입니까?

(   )

여러 가지 그래프

◆ 맞힌 개수와 걸린 시간을 작성해 보세요.

1 그림그래프로 나타내기

① **그림을 몇 가지**로 나타낼지 정해!

② **어떤 그림**으로 나타낼지 정해!

③ **그림으로 나타낼 단위**는 어떻게 할 것인지 정해!

④ 그림그래프의 제목을 써!

- 그림그래프로 나타내기

그림그래프: 알려고 하는 수(조사한 수)를 그림으로 나타낸 그래프

등교 방법별 학생 수

등교 방법	학생 수(명)
도보	20
자전거	12
버스	5

등교 방법별 학생 수

등교 방법	학생 수
도보	☺ ☺
자전거	☺ ☺ ☺
버스	☺ ☺ ☺ ☺ ☺

☺ 10명
☺ 1명

참고 • 그림그래프의 그림의 크기로 많고 적음을 알 수 있습니다.
• 그림그래프는 복잡한 자료를 간단하게 보여 줍니다.

○ 도서관별 책의 수를 조사하여 나타낸 표를 보고 그림그래프로 나타내려고 합니다. 물음에 답하시오.

도서관별 책의 수

도서관	새싹	푸른	하늘	한마음
책의 수(만 권)	21	16	25	13

❶ ☐ 안에 알맞은 수를 써넣으시오.

• 📗은 10만 권을, 📘은 1만 권을 나타냅니다.

• 새싹 도서관에 있는 책은 21만 권이므로 📗 ☐ 개, 📘 ☐ 개로 나타냅니다.

• 푸른 도서관에 있는 책은 16만 권이므로 📗 ☐ 개, 📘 ☐ 개로 나타냅니다.

❷ 도서관별 책의 수를 그림그래프로 나타내어 보시오.

도서관별 책의 수

도서관	책의 수
새싹	📗 📗 📘
푸른	
하늘	
한마음	

📗 10만 권
📘 1만 권

○ 지역별 감자 생산량을 조사하여 나타낸 표입니다. 물음에 답하시오.

지역별 감자 생산량

지역	가	나	다	라
생산량(t)	237	412	349	171
어림값(t)				

3 지역별 감자 생산량을 반올림하여 십의 자리까지 나타내어 표를 완성해 보시오.

4 위의 표를 보고 그림그래프로 나타내어 보시오.

지역별 감자 생산량

지역	생산량
가	
나	
다	
라	

100 t
10 t

○ 과수원별 귤 판매량을 조사하여 나타낸 표입니다. 물음에 답하시오.

과수원별 귤 판매량

과수원	하늘	구름	햇빛	바람
판매량(kg)	1123	2035	3109	2680
어림값(kg)				

5 과수원별 귤 판매량을 반올림하여 백의 자리까지 나타내어 표를 완성해 보시오.

6 위의 표를 보고 그림그래프로 나타내어 보시오.

과수원별 귤 판매량

과수원	판매량
하늘	
구름	
햇빛	
바람	

1000 kg
100 kg

비율을 띠 모양에 나타낸 그래프 → 띠그래프

● 띠그래프

띠그래프: 전체에 대한 각 부분의 비율을 띠 모양에 나타낸 그래프

태어난 계절별 학생 수

0 10 20 30 40 50 60 70 80 90 100(%)

봄 (35 %)	여름 (20 %)	가을 (15 %)	겨울 (30 %)

· 봄에 태어난 학생이 가장 많습니다.
· 여름이나 가을에 태어난 학생은 전체의 20＋15＝35(%)입니다.

참고 자료를 띠그래프로 나타내면 각 부분의 비율을 한눈에 알아볼 수 있습니다.

○ 미주네 반 학생들이 좋아하는 간식을 조사하여 나타낸 표입니다. 물음에 답하시오.

좋아하는 간식별 학생 수

간식	과자	빵	젤리	기타	합계
학생 수(명)	9	5	2	4	20
백분율(%)	45				100

❶ 전체 학생 수에 대한 좋아하는 간식별 학생 수의 백분율을 구해 보시오.

· 과자: $\dfrac{9}{20} \times 100 = 45$(%)

· 빵: $\dfrac{5}{20} \times 100 = \boxed{}$(%)

· 젤리: $\dfrac{\boxed{}}{20} \times 100 = \boxed{}$(%)

· 기타: $\dfrac{\boxed{}}{20} \times 100 = \boxed{}$(%)

❷ 위 ❶을 보고 띠그래프의 ☐ 안에 알맞은 수를 써넣으시오.

좋아하는 간식별 학생 수

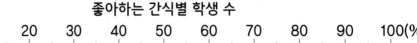

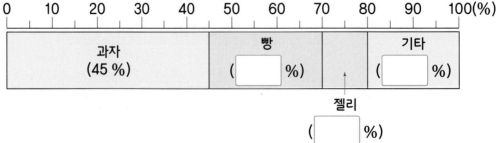

○ 세준이네 동네에 있는 종류별 나무 수를 조사하여 나타낸 띠그래프입니다. 물음에 답하시오.

종류별 나무 수

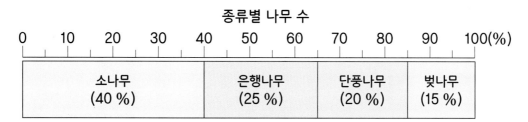

③ 세준이네 동네에 가장 많이 있는 나무는 무엇입니까?

(   )

④ 은행나무와 단풍나무는 전체의 몇 %입니까?

(   )

○ 지수가 한 달에 쓴 용돈의 쓰임새를 나타낸 띠그래프입니다. 물음에 답하시오.

용돈의 쓰임새별 금액

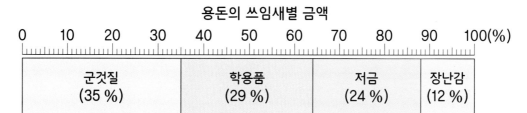

⑤ 사용한 금액이 전체의 29 %를 차지하는 항목은 무엇입니까?

(   )

⑥ 저금에 사용한 금액은 장난감에 사용한 금액의 몇 배입니까?

(   )

① **각 항목의 백분율**을 구해!

② 각 항목의 **백분율만큼** 선을 그어 **띠를 나눠!**

③ 나눈 부분에 **각 항목의 내용과 백분율**을 써!

④ 띠그래프의 제목을 써!

● 띠그래프로 나타내기

휴식 시간에 하는 활동별 학생 수

활동	인터넷 서핑	축구	독서	합계
학생 수(명)	120	60	20	200
백분율(%)	60	30	10	100

①

합계가 100 %인지 확인합니다.

⇩

휴식 시간에 하는 활동별 학생 수 ── ④

0 10 20 30 40 50 60 70 80 90 100(%)

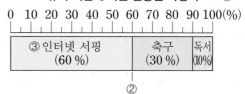

③인터넷 서핑 (60 %)　축구 (30 %)　독서 (10%)

②

○ 윤주네 학교 학생들의 취미를 조사하여 나타낸 표입니다. 물음에 답하시오.

취미별 학생 수

취미	게임	운동	음악 감상	TV 시청	합계
학생 수(명)	96	60	48	36	240
백분율(%)	40				

❶ 전체 학생 수에 대한 취미별 학생 수의 백분율을 구하여 표를 완성해 보시오.

❷ 각 항목의 백분율을 모두 더하면 몇 %입니까?

(　　　　　　　)

❸ 띠그래프를 완성해 보시오.

취미별 학생 수

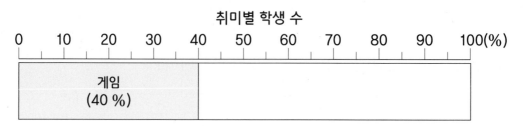

0　10　20　30　40　50　60　70　80　90　100(%)

게임 (40 %)

○ 진우네 학교 학생들이 일주일에 독서를 얼마나 하는지 조사하여 나타낸 표입니다. 물음에 답하시오.

독서 시간별 학생 수

독서 시간	60분 미만	60분 이상 90분 미만	90분 이상 120분 미만	120분 이상	합계
학생 수(명)	100	60	140	100	400
백분율(%)					

❹ 전체 학생 수에 대한 독서 시간별 학생 수의 백분율을 구하여 표를 완성해 보시오.

❺ 위의 표를 보고 띠그래프로 나타내어 보시오.

독서 시간별 학생 수

0   10   20   30   40   50   60   70   80   90   100(%)

○ 아라네 학교 전교 학생 회장 후보자별 득표수를 나타낸 표입니다. 물음에 답하시오.

전교 학생 회장 후보자별 득표수

후보자	재희	은수	태호	정아	합계
학생 수(명)	252	150	120	78	600
백분율(%)					

❻ 전체 학생 수에 대한 후보자별 득표수의 백분율을 구하여 표를 완성해 보시오.

❼ 위의 표를 보고 띠그래프로 나타내어 보시오.

전교 학생 회장 후보자별 득표수

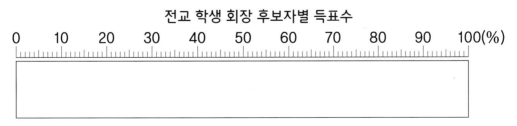

0   10   20   30   40   50   60   70   80   90   100(%)

비율을 원 모양에 나타낸 그래프 → 원그래프

● 원그래프

원그래프: 전체에 대한 각 부분의 비율을 원 모양에 나타낸 그래프

체험 학습 장소별 학생 수

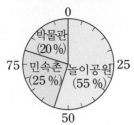

• 학생들이 가장 많이 가고 싶은 체험 학습 장소는 놀이공원입니다.
• 민속촌이나 박물관에 가고 싶은 학생은 전체의 25+20=45(%) 입니다.

참고 자료를 원그래프로 나타내면 각 부분의 비율을 쉽게 비교할 수 있습니다.

○ 현성이네 반 학생들의 장래희망을 조사하여 나타낸 표입니다. 물음에 답하시오.

장래희망별 학생 수

장래희망	공무원	회사원	자영업자	기타	합계
학생 수(명)	12	9	3	6	30
백분율(%)	40				

① 전체 학생 수에 대한 장래희망별 학생 수의 백분율을 구해 보시오.

• 공무원: $\dfrac{12}{30} \times 100 = 40(\%)$

• 회사원: $\dfrac{9}{30} \times 100 = \boxed{}(\%)$

• 자영업자: $\dfrac{\boxed{}}{30} \times 100 = \boxed{}(\%)$

• 기타: $\dfrac{\boxed{}}{30} \times 100 = \boxed{}(\%)$

② 위 **①**을 보고 원그래프의 ☐ 안에 알맞은 수를 써넣으시오.

장래희망별 학생 수

기타 (　%)
자영업자 (　%)
공무원 (40 %)
회사원 (　%)

○ 영주네 학교 학생들이 좋아하는 색깔을 조사하여 나타낸 원그래프입니다. 물음에 답하시오.

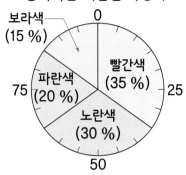

③ 가장 많은 학생들이 좋아하는 색깔은 무엇입니까?

(   )

④ 노란색이나 보라색을 좋아하는 학생은 전체의 몇 %입니까?

(   )

○ 세미네 학교 학생들이 받고 싶은 선물을 조사하여 나타낸 원그래프입니다. 물음에 답하시오.

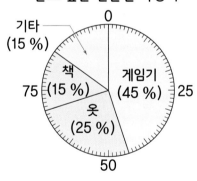

⑤ 원그래프의 작은 눈금 한 칸은 몇 %를 나타냅니까?

(   )

⑥ 게임기를 받고 싶은 학생 수는 책을 받고 싶은 학생 수의 몇 배입니까?

(   )

① **각 항목의 백분율**을 구해!

② 각 항목의 **백분율만큼** 선을 그어 **원을 나눠!**

③ 나눈 부분에 **각 항목의 내용과 백분율**을 써!

④ 원그래프의 제목을 써!

● 원그래프로 나타내기

배우고 싶은 악기별 학생 수

악기	피아노	기타	드럼	합계
학생 수(명)	54	42	24	120
백분율(%)	45	35	20	100

────① ──②
합계가 100 %인지 확인합니다.

⇩

배우고 싶은 악기별 학생 수 ── ④

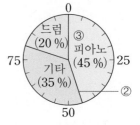

○ 연지네 학교 6학년 학생들이 좋아하는 우유를 조사하여 나타낸 표입니다. 물음에 답하시오.

좋아하는 우유별 학생 수

우유	딸기 우유	초코 우유	흰 우유	바나나 우유	합계
학생 수(명)	42	42	35	21	140
백분율(%)			25		

❶ 전체 학생 수에 대한 좋아하는 우유별 학생 수의 백분율을 구하여 표를 완성해 보시오.

❷ 각 항목의 백분율을 모두 더하면 몇 %입니까? (   )

❸ 원그래프를 완성해 보시오.

좋아하는 우유별 학생 수

○ 성재네 학교 6학년 학생들이 존경하는 위인을 조사하여 나타낸 표입니다. 물음에 답하시오.

존경하는 위인별 학생 수

위인	세종대왕	이순신	안중근	유관순	합계
학생 수(명)	72	48	24	16	160
백분율(%)					

④ 전체 학생 수에 대한 존경하는 위인별 학생 수의 백분율을 구하여 표를 완성해 보시오.

⑤ 위의 표를 보고 원그래프로 나타내어 보시오.

존경하는 위인별 학생 수

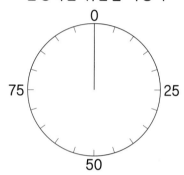

○ 찬희네 학교 학생들이 즐겨 보는 TV프로그램을 조사하여 나타낸 표입니다. 물음에 답하시오.

즐겨 보는 TV프로그램별 학생 수

TV프로그램	예능	드라마	시사	다큐	합계
학생 수(명)	320	256	184	40	800
백분율(%)					

⑥ 전체 학생 수에 대한 즐겨 보는 TV프로그램별 학생 수의 백분율을 구하여 표를 완성해 보시오.

⑦ 위의 표를 보고 원그래프로 나타내어 보시오.

즐겨 보는 TV프로그램별 학생 수

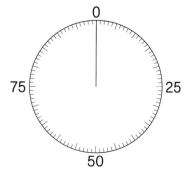

6 여러 가지 그래프의 비교

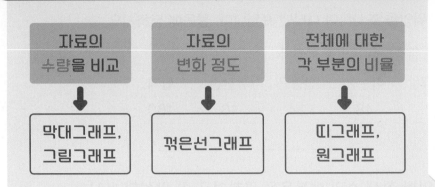

● 여러 가지 그래프 비교하기

막대그래프	수량의 많고 적음을 한눈에 비교하기 쉽습니다.
꺾은선그래프	수량의 변화하는 모습과 정도를 쉽게 알 수 있습니다.
그림그래프	그림을 사용하여 복잡한 자료를 간단하게 보여 줍니다.
띠그래프, 원그래프	전체에 대한 각 부분의 비율을 한눈에 알아보기 쉽습니다.

○ 여러 가지 그래프를 보고 물음에 답하시오.

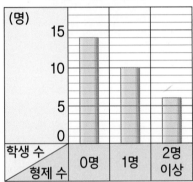

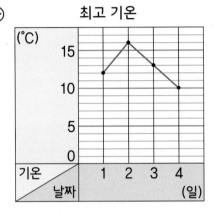

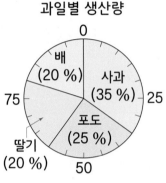

❶ 좋아하는 과목별 학생 수를 나타내기에 알맞은 그래프는 무엇입니까?

(   )

❷ 연도별 미세 먼지 농도의 변화를 나타내기에 알맞은 그래프는 무엇입니까?

(   )

❸ 분야별 자원봉사자 수의 비율을 나타내기에 알맞은 그래프는 무엇입니까?

(   )

○ 선희네 마을의 양계장별 달걀 생산량을 조사하여 나타낸 그림그래프입니다. 물음에 답하시오.

양계장별 달걀 생산량

4 표를 완성해 보시오.

양계장별 달걀 생산량

양계장	푸른	알찬	희망	복지	합계
생산량(kg)	1200	800	600		4000
백분율(%)					

5 위 4의 표를 보고 막대그래프로 나타내어 보시오.

양계장별 달걀 생산량

6 위 4의 표를 보고 띠그래프로 나타내어 보시오.

양계장별 달걀 생산량

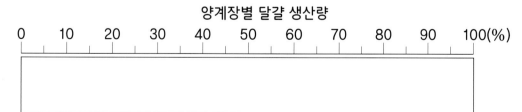

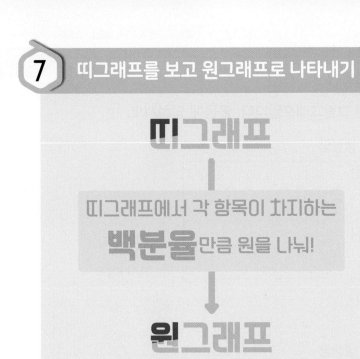

● 띠그래프를 보고 원그래프로 나타내기

좋아하는 과목별 학생 수

원그래프에서 작은 눈금 한 칸은 5 %를 나타냅니다.

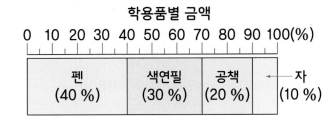

좋아하는 과목별 학생 수

① 어느 농장의 가축 수를 조사하여 나타낸 띠
그래프입니다. 띠그래프를 보고 원그래프로
나타내어 보시오.

② 세윤이가 학용품을 사는 데 쓴 금액을 조사
하여 나타낸 띠그래프입니다. 띠그래프를
보고 원그래프로 나타내어 보시오.

8 원그래프를 보고 띠그래프로 나타내기

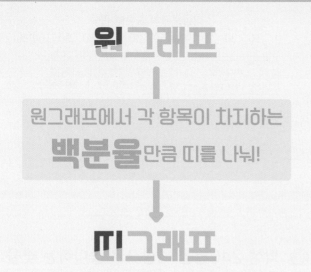

● 원그래프를 보고 띠그래프로 나타내기

가고 싶은 산별 학생 수

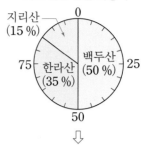

띠그래프에서 작은 눈금 한 칸은 5 %를 나타냅니다.

가고 싶은 산별 학생 수

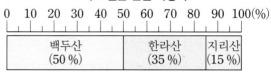

❸ 다솜이네 마을 주민들의 성씨를 조사하여 나타낸 원그래프입니다. 원그래프를 보고 띠그래프로 나타내어 보시오.

성씨별 주민 수

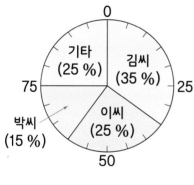

성씨별 주민 수

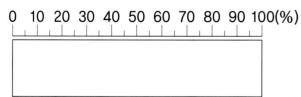

❹ 민주네 집의 한 달 생활비의 쓰임새를 조사하여 나타낸 원그래프입니다. 원그래프를 보고 띠그래프로 나타내어 보시오.

생활비의 쓰임새별 금액

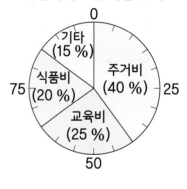

생활비의 쓰임새별 금액

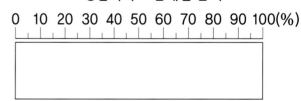

전체 수량이 ■일 때
▲%인 항목의 수량 구하기

↓ ▲% → $\frac{▲}{100}$

(항목의 수량)=■ × $\frac{▲}{100}$

● 전체 책의 수가 120권일 때, 위인전의 수 구하기

학급문고의 종류별 권수

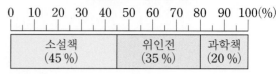

(위인전의 비율)=35 % → $\frac{35}{100}$

⇨ (위인전의 수)=120 × $\frac{35}{100}$ =42(권)

❶ 학생 200명을 대상으로 가고 싶은 나라를 조사하여 나타낸 띠그래프입니다. 영국에 가고 싶은 학생은 몇 명입니까?

가고 싶은 나라별 학생 수

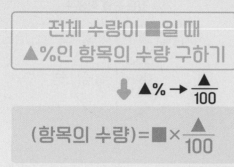

(   )

❸ 학생 240명을 대상으로 좋아하는 꽃을 조사하여 나타낸 원그래프입니다. 튤립을 좋아하는 학생은 몇 명입니까?

좋아하는 꽃별 학생 수

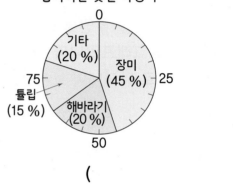

(   )

❷ 학생 500명을 대상으로 기르고 싶은 동물을 조사하여 나타낸 띠그래프입니다. 강아지를 기르고 싶은 학생은 몇 명입니까?

기르고 싶은 동물별 학생 수

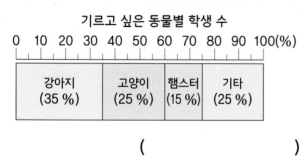

(   )

❹ 학생 300명을 대상으로 수강하는 강좌를 조사하여 나타낸 원그래프입니다. 컴퓨터를 수강하는 학생은 몇 명입니까?

강좌별 학생 수

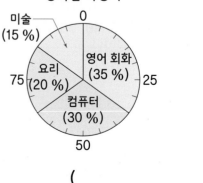

(   )

⑩ 항목의 수량을 알 때 전체 수량 구하기

전체의 ▲%인 항목의 수량이 ■일 때
전체 수량 구하기

⬇ (전체 수량)×$\frac{▲}{100}$=■

(전체 수량)=■×(100÷▲)

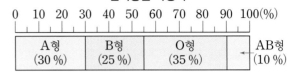

• 혈액형이 B형인 학생이 5명일 때, 전체 학생 수 구하기

혈액형별 학생 수

A형 (30 %)	B형 (25 %)	O형 (35 %)	AB형 (10 %)

B형인 학생의 비율: 25 %

➡ 전체 학생 수는 B형인 학생 수의 100÷25=4(배)
이므로 5×4=20(명)입니다.

⑤ 학생들이 좋아하는 놀이를 조사하여 나타낸 띠그래프입니다. 윷놀이를 좋아하는 학생이 24명이라면 전체 학생은 몇 명입니까?

좋아하는 놀이별 학생 수

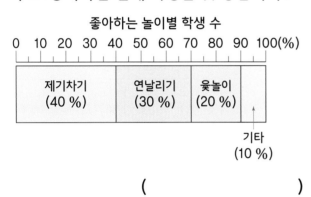

(   )

⑥ 학생들이 좋아하는 과일을 조사하여 나타낸 띠그래프입니다. 포도를 좋아하는 학생이 20명이라면 전체 학생은 몇 명입니까?

좋아하는 과일별 학생 수

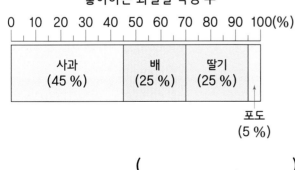

(   )

⑦ 학생들이 좋아하는 음료수를 조사하여 나타낸 원그래프입니다. 우유를 좋아하는 학생이 4명이라면 전체 학생은 몇 명입니까?

좋아하는 음료수별 학생 수

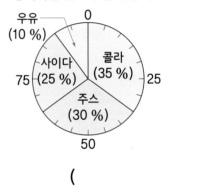

(   )

⑧ 학생들이 빌린 책을 조사하여 나타낸 원그래프입니다. 빌린 동화책이 150권이라면 학생들이 빌린 책은 모두 몇 권입니까?

빌린 책의 종류별 권수

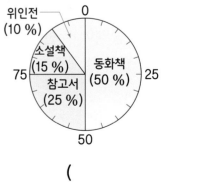

(   )

띠의 길이가
길수록
비율이 높아!

- 2014년과 2019년의 연령별 인구수를 조사하여 나타낸
  두 띠그래프 해석하기

연령별 인구수

2014년	15세 미만 (30 %)	15세 이상~65세 미만 (55 %)	65세 이상 (15 %)

2019년	15세 미만 (27 %)	15세 이상~65세 미만 (53 %)	65세 이상 (20 %)

➡ 2014년에 비해 2019년에 인구의 비율이 높아진
  연령은 띠의 길이가 길어진 65세 이상입니다.

◎ 7월과 8월의 세희네 집 식품별 지출 금액을 조사하여 나타낸 띠그래프입니다. 물음에 답하시오.

식품별 지출 금액

7월	채소 (35 %)	고기 (25 %)	과일 (15 %)	기타 (25 %)

8월	채소 (25 %)	고기 (25 %)	과일 (30 %)	기타 (20 %)

❶ 채소, 고기, 과일 중 7월에 비해 8월에 지출 금액의 비율이 낮아진 것은 무엇입니까?

( )

❷ 전체 지출 금액에 대한 과일의 지출 금액의 비율은 7월과 비교하여 8월에 몇 배가 되었습니까?

( )

◎ 2009년과 2019년의 예주네 농장의 가축 수를 조사하여 나타낸 띠그래프입니다. 물음에 답하시오.

가축별 마릿수

2009년	돼지 (32 %)	닭 (30 %)	오리 (25 %)	소 (13 %)

2019년	돼지 (40 %)	닭 (32 %)	오리 (19 %)	소 (9 %)

❸ 2009년에 비해 2019년에 가축 수의 비율이 높아진 가축을 모두 써 보시오.

( )

❹ 전체 가축 수에 대한 비율의 변화가 가장 큰 가축은 무엇입니까?

( )

12 두 원그래프 해석하기

차지하는 부분이
넓을수록
비율이 높아!

● ㉮ 도시와 ㉯ 도시의 수질 오염별 발생량을 조사하여
나타낸 두 원그래프 해석하기

수질 오염별 발생량

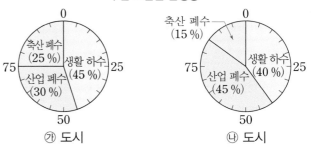

㉮ 도시   ㉯ 도시

⇨ 전체 수질 오염 발생량에 대한 생활 하수 발생량의
비율이 더 높은 도시는 ㉮ 도시입니다.

◎ 영주네 마을과 현수네 마을의 곡식별 생산량을
조사하여 나타낸 원그래프입니다. 물음에 답하
시오.

곡식별 생산량

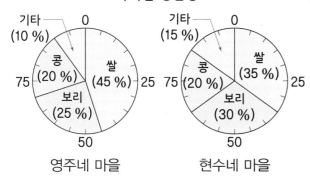

영주네 마을   현수네 마을

5 전체 생산량에 대한 보리 생산량의 비율이
더 높은 마을은 어디입니까?

(   )

6 영주네 마을과 현수네 마을의 전체 생산량
에 대한 비율이 같은 곡식은 무엇입니까?

(   )

◎ 어느 수산 시장의 3월과 11월의 수산물 판매량을
조사하여 나타낸 원그래프입니다. 물음에 답하
시오.

수산물 판매량

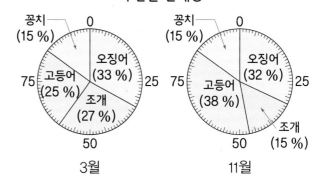

3월   11월

7 3월에 비해 11월에 판매량의 비율이 높아
진 수산물은 무엇입니까?

(   )

8 3월과 11월의 전체 판매량에 대한 비율이
같은 수산물은 무엇입니까?

(   )

○ 마을별 쓰레기 배출량을 조사하여 나타낸 표입니다. 물음에 답하시오.

마을별 쓰레기 배출량

마을	가	나	다
배출량(t)	329	254	421
어림값(t)			

1 마을별 쓰레기 배출량을 반올림하여 십의 자리까지 나타내어 표를 완성해 보시오.

2 위의 표를 보고 그림그래프로 나타내어 보시오.

마을별 쓰레기 배출량

마을	배출량
가	
나	
다	

🔵 100 t
🔴 10 t

○ 수진이네 학교 6학년 학생들이 좋아하는 계절을 조사하여 나타낸 띠그래프입니다. 물음에 답하시오.

좋아하는 계절별 학생 수

```
0  10 20 30 40 50 60 70 80 90 100(%)
```
| 봄 (30 %) | 여름 (15 %) | 가을 (35 %) | 겨울 (20 %) |

3 가을을 좋아하는 학생 수는 전체의 몇 % 입니까?

( )

4 봄을 좋아하는 학생 수는 여름을 좋아하는 학생 수의 몇 배입니까?

( )

5 경태네 학교 학생들의 가족 수를 조사하여 나타낸 표입니다. 표를 완성하고 띠그래프로 나타내어 보시오.

가족 수별 학생 수

가족 수	3명	4명	5명	6명 이상	합계
학생 수 (명)	210	315	140	35	700
백분율 (%)					

가족 수별 학생 수

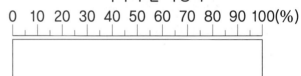

○ 어느 장난감 가게에 있는 종류별 장난감의 수를 조사하여 나타낸 원그래프입니다. 물음에 답하시오.

종류별 장난감의 수

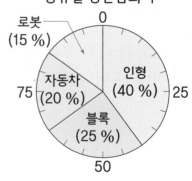

6 장난감 가게에 가장 많이 있는 장난감은 무엇입니까?

( )

7 자동차와 로봇의 수는 전체의 몇 %입니까?

( )

8 자림이네 마을 학생들이 조사하고 싶은 문화재를 조사하여 나타낸 표입니다. 표를 완성하고 원그래프로 나타내어 보시오.

조사하고 싶은 문화재별 학생 수

문화재	경복궁	첨성대	석굴암	기타	합계
학생 수 (명)	150	125	100	125	500
백분율 (%)					

조사하고 싶은 문화재별 학생 수

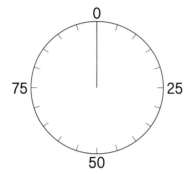

○ 알맞은 그래프를 보기 에서 찾아 써 보시오.

보기

그림그래프   꺾은선그래프   띠그래프

9 연도별 적설량의 변화를 나타내기에 알맞은 그래프는 무엇입니까?

(   )

10 마을별 초등학생 수의 비율을 나타내기에 알맞은 그래프는 무엇입니까?

(   )

11 학생 160명을 대상으로 좋아하는 분식을 조사하여 나타낸 원그래프입니다. 김밥을 좋아하는 학생은 몇 명입니까?

좋아하는 분식별 학생 수

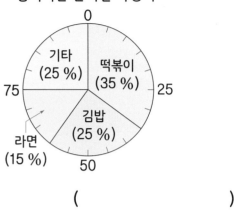

(   )

○ 2014년과 2019년의 어느 관광지의 나라별 관광객 수를 조사하여 나타낸 띠그래프입니다. 물음에 답하시오.

나라별 관광객 수

2014년	중국 (34 %)	한국 (20 %)	일본 (15 %)	기타 (31 %)

2019년	중국 (35 %)	한국 (32 %)	일본 (13 %)	기타 (20 %)

12 중국, 한국, 일본 중 2014년에 비해 2019년에 관광객 수의 비율이 낮아진 나라는 어디입니까?

(   )

13 중국, 한국, 일본 중 전체 관광객 수에 대한 비율의 변화가 가장 큰 나라는 어디입니까?

(   )

직육면체의 부피와 겉넓이

정육면체의 겉넓이를 알 때 한 모서리의 길이 구하기

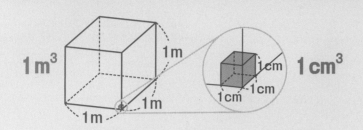

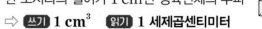

- 1 m³와 1 cm³의 관계
- 한 모서리의 길이가 1 cm인 정육면체의 부피
  ⇨ 쓰기 **1 cm³** 읽기 **1 세제곱센티미터**
- 한 모서리의 길이가 1 m인 정육면체의 부피
  ⇨ 쓰기 **1 m³** 읽기 **1 세제곱미터**

$$1 \text{ m}^3 = 1000000 \text{ cm}^3$$

● cm³와 m³의 관계를 알아보려고 합니다. ☐ 안에 알맞은 수를 써넣으시오.

① $2 \text{ m}^3 = $ ☐ cm^3

② $7 \text{ m}^3 = $ ☐ cm^3

③ $13 \text{ m}^3 = $ ☐ cm^3

④ $22 \text{ m}^3 = $ ☐ cm^3

⑤ $48 \text{ m}^3 = $ ☐ cm^3

⑥ $4000000 \text{ cm}^3 = $ ☐ m^3

⑦ $10000000 \text{ cm}^3 = $ ☐ m^3

⑧ $34000000 \text{ cm}^3 = $ ☐ m^3

⑨ $56000000 \text{ cm}^3 = $ ☐ m^3

⑩ $61000000 \text{ cm}^3 = $ ☐ m^3

⑪ 5 m³ = ☐ cm³

⑱ 8000000 cm³ = ☐ m³

⑫ 11 m³ = ☐ cm³

⑲ 24000000 cm³ = ☐ m³

⑬ 28 m³ = ☐ cm³

⑳ 32000000 cm³ = ☐ m³

⑭ 35 m³ = ☐ cm³

㉑ 43000000 cm³ = ☐ m³

⑮ 54 m³ = ☐ cm³

㉒ 58000000 cm³ = ☐ m³

⑯ 6.7 m³ = ☐ cm³

㉓ 7900000 cm³ = ☐ m³

⑰ 9.2 m³ = ☐ cm³

㉔ 8500000 cm³ = ☐ m³

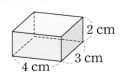

● 직육면체의 부피 구하기

(직육면체의 부피)
=(가로)×(세로)×(높이)
=4×3×2=24(cm³)

(직육면체의 부피)
=(가로)×(세로)×(높이)

○ 직육면체의 부피는 몇 cm³인지 구해 보시오.

1

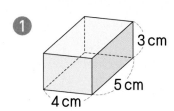

식 : _____

답 : _____

3

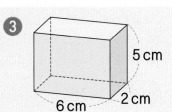

식 : _____

답 : _____

2

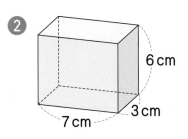

식 : _____

답 : _____

4

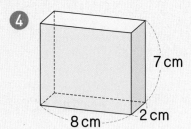

식 : _____

답 : _____

○ 직육면체의 부피는 몇 m³인지 구해 보시오.

5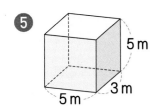

5 m
5 m
3 m

식 : _____

답 : _____

6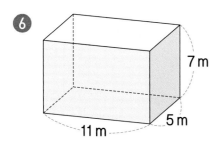

7 m
11 m
5 m

식 : _____

답 : _____

7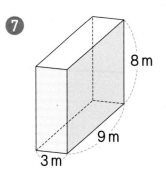

8 m
9 m
3 m

식 : _____

답 : _____

8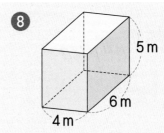

맞힌 개수 /10

5 m
4 m
6 m

식 : _____

답 : _____

9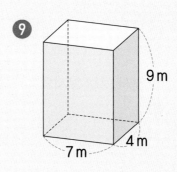

9 m
7 m
4 m

식 : _____

답 : _____

10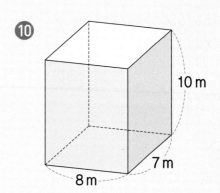

10 m
8 m
7 m

식 : _____

답 : _____

③ 정육면체의 부피

(정육면체의 부피)

=(한 모서리의 길이)
×(한 모서리의 길이)
×(한 모서리의 길이)

● 정육면체의 부피 구하기

(정육면체의 부피)
=(한 모서리의 길이)×(한 모서리의 길이)
　×(한 모서리의 길이)
=2×2×2=8(cm³)

참고 세제곱수(같은 수를 세 번 곱한 수)를 외워 두면 정육면체의 부피를 빠르게 구할 수 있습니다.

1×1×1=1	6×6×6=216	11×11×11=1331
2×2×2=8	7×7×7=343	12×12×12=1728
3×3×3=27	8×8×8=512	13×13×13=2197
4×4×4=64	9×9×9=729	14×14×14=2744
5×5×5=125	10×10×10=1000	15×15×15=3375

○ 정육면체의 부피는 몇 cm³인지 구해 보시오.

❶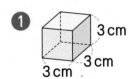

식 :

답 :

❷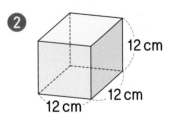

식 :

답 :

❸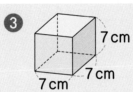

식 :

답 :

❹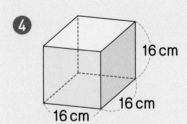

식 :

답 :

◉ 정육면체의 부피는 몇 m³인지 구해 보시오.

5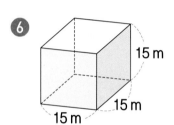
4 m
4 m
4 m

식 : _____

답 : _____

8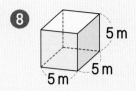
5 m
5 m
5 m

식 : _____

답 : _____

6
15 m
15 m
15 m

식 : _____

답 : _____

9
17 m
17 m
17 m

식 : _____

답 : _____

7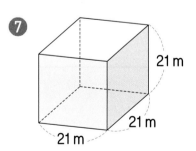
21 m
21 m
21 m

식 : _____

답 : _____

10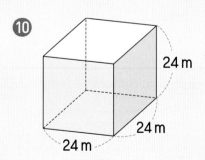
24 m
24 m
24 m

식 : _____

답 : _____

4 직육면체의 겉넓이

(직육면체의 겉넓이)

$$= \left(\begin{array}{l} \textbf{한 꼭짓점}\text{에서 만나는} \\ \textbf{세 면의 넓이의 합} \end{array} \right) \times 2$$

● 직육면체의 겉넓이 구하기

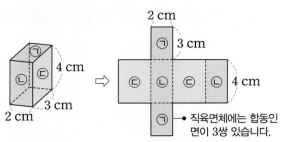

(직육면체의 겉넓이)=(㉠+㉡+㉢)×2
한 꼭짓점에서 만나는 세 면의 넓이의 합 =(2×3+2×4+3×4)×2
=52(cm²)

○ 직육면체의 겉넓이는 몇 cm²인지 구해 보시오.

①

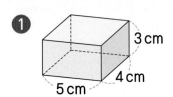

식 : _____

답 : _____

③

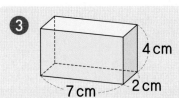

식 : _____

답 : _____

②

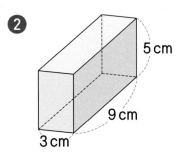

식 : _____

답 : _____

④

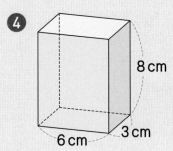

식 : _____

답 : _____

⑤

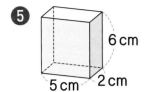

식 : _____

답 : _____

⑥

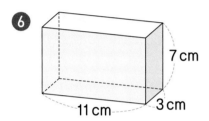

식 : _____

답 : _____

⑦

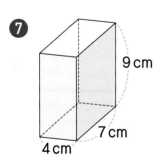

식 : _____

답 : _____

⑧

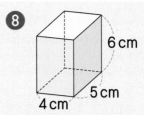

식 : _____

답 : _____

⑨

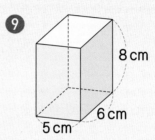

식 : _____

답 : _____

⑩

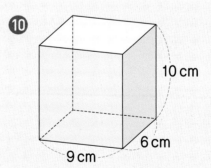

식 : _____

답 : _____

⑤ 정육면체의 겉넓이

(정육면체의 겉넓이)
=(한 면의 넓이)×6
=(한 모서리의 길이)
×(한 모서리의 길이)
×6

● 정육면체의 겉넓이 구하기

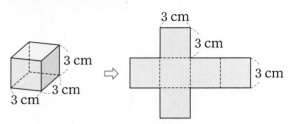

(정육면체의 겉넓이)=(한 면의 넓이)×6
(한 모서리의 길이)×(한 모서리의 길이)
$=3 \times 3 \times 6 = 54 (cm^2)$

참고 제곱수(같은 수를 두 번 곱한 수)를 외워 두면 정육면체의 겉넓이를 빠르게 구할 수 있습니다.

$10 \times 10 = 100$	$14 \times 14 = 196$	$18 \times 18 = 324$
$11 \times 11 = 121$	$15 \times 15 = 225$	$19 \times 19 = 361$
$12 \times 12 = 144$	$16 \times 16 = 256$	$20 \times 20 = 400$
$13 \times 13 = 169$	$17 \times 17 = 289$	$21 \times 21 = 441$

○ 정육면체의 겉넓이는 몇 cm^2인지 구해 보시오.

❶

식 : _____

답 : _____

❸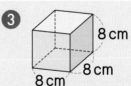

식 : _____

답 : _____

❷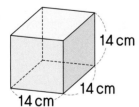

식 : _____

답 : _____

❹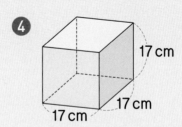

식 : _____

답 : _____

❺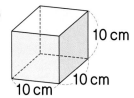
10 cm
10 cm
10 cm

식 : _____

답 : _____

❻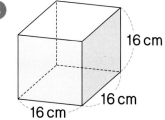
16 cm
16 cm
16 cm

식 : _____

답 : _____

❼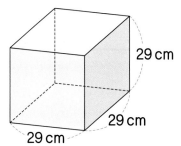
29 cm
29 cm
29 cm

식 : _____

답 : _____

❽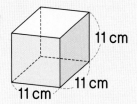
11 cm
11 cm
11 cm

식 : _____

답 : _____

❾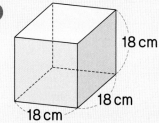
18 cm
18 cm
18 cm

식 : _____

답 : _____

❿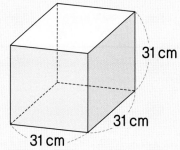
31 cm
31 cm
31 cm

식 : _____

답 : _____

● 전개도로 만든 직육면체의 부피 구하기

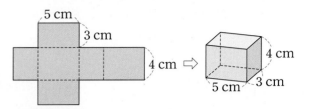

전개도를 접으면 가로 5 cm, 세로 3 cm, 높이 4 cm
인 직육면체가 만들어집니다.

⇨ (직육면체의 부피)=5×3×4=60(cm³)

참고 만들어지는 직육면체 모양에 따라 가로, 세로, 높이가
바뀔 수 있습니다.

전개도를 접었을 때
만들어지는 직육면체의
가로, 세로, 높이를 찾아!

○ 전개도를 이용하여 직육면체를 만들었습니다. 만든 직육면체의 부피는 몇 cm³인지 구해 보시오.

❶

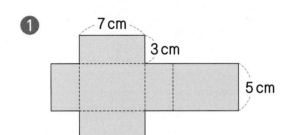

식 : _____

답 : _____

❷

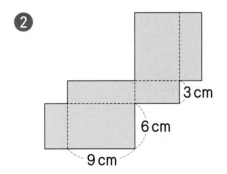

식 : _____

답 : _____

❸

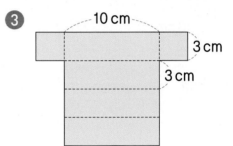

식 : _____

답 : _____

❹

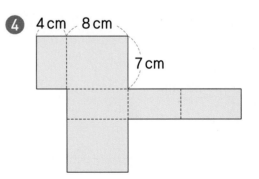

식 : _____

답 : _____

◉ 전개도를 이용하여 정육면체를 만들었습니다. 만든 정육면체의 부피는 몇 m³인지 구해 보시오.

5

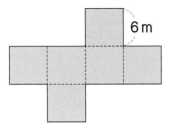

6 m

식 : _____

답 : _____

8

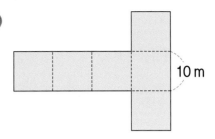

10 m

식 : _____

답 : _____

6

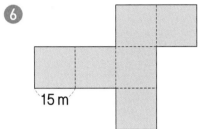

15 m

식 : _____

답 : _____

9

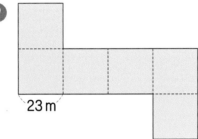

23 m

식 : _____

답 : _____

7

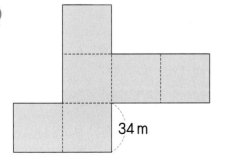

34 m

식 : _____

답 : _____

10

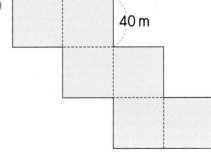

40 m

식 : _____

답 : _____

7 직육면체의 부피를 알 때 가로, 세로, 높이 구하기

(가로) × (세로) × (높이) = (부피)

(높이) = (부피) ÷ (가로) ÷ (세로)

(세로) = (부피) ÷ (가로) ÷ (높이)

(가로) = (부피) ÷ (세로) ÷ (높이)

● 부피가 30 cm³인 직육면체의 가로 구하기

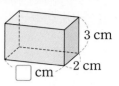

☐ × 2 × 3 = 30,

☐ = 30 ÷ 2 ÷ 3 → ☐ = 5

⇨ 직육면체의 가로는 5 cm입니다.

○ 직육면체의 부피가 다음과 같을 때, 직육면체의 가로, 세로, 높이는 몇 cm인지 구하려고 합니다.
☐ 안에 알맞은 수를 써넣으시오.

❶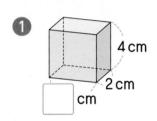

부피: 32 cm³

❹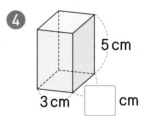

부피: 45 cm³

❷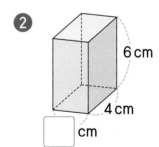

부피: 72 cm³

❺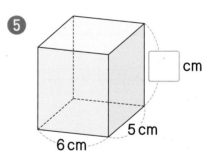

부피: 210 cm³

❸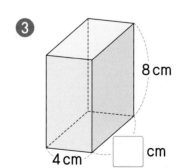

부피: 192 cm³

❻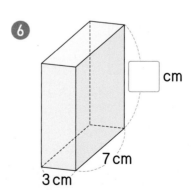

부피: 189 cm³

8 **정육면체의 부피를 알 때 한 모서리의 길이 구하기**

(한 모서리의 길이) × (한 모서리의 길이)
　　　　× (한 모서리의 길이)=(부피)

↓

한 모서리의 길이
: 같은 수를 세 번 곱해 부피가 되는 수

● 부피가 27 cm³인 정육면체의 한 모서리의
길이 구하기

☐ cm

$\square \times \square \times \square = 27$,
$3 \times 3 \times 3 = 27 \rightarrow \square = 3$

⇨ 정육면체의 한 모서리의 길이는 3 cm입니다.

○ 정육면체의 부피가 다음과 같을 때, 정육면체의 한 모서리의 길이는 몇 cm인지 구하려고 합니다.
　☐ 안에 알맞은 수를 써넣으시오.

☐ cm

부피: 64 cm³

 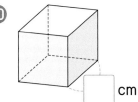
☐ cm

부피: 125 cm³

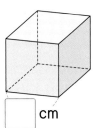
☐ cm

부피: 216 cm³

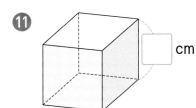
☐ cm

부피: 512 cm³

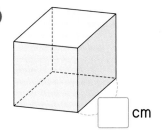
☐ cm

부피: 729 cm³

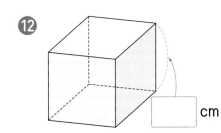
☐ cm

부피: 1000 cm³

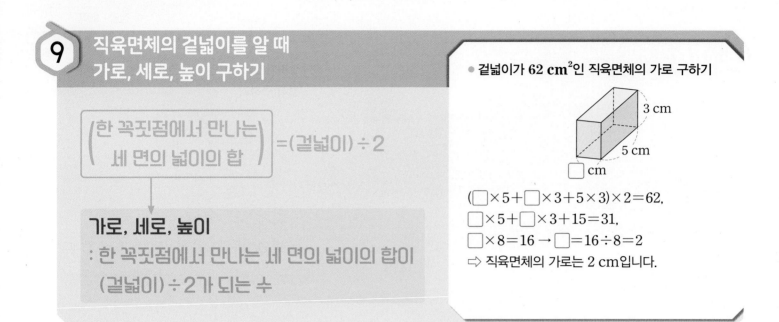

9 직육면체의 겉넓이를 알 때 가로, 세로, 높이 구하기

$$\left(\begin{array}{c}\text{한 꼭짓점에서 만나는}\\\text{세 면의 넓이의 합}\end{array}\right)=(겉넓이)\div 2$$

↓

가로, 세로, 높이

: 한 꼭짓점에서 만나는 세 면의 넓이의 합이
 (겉넓이)÷2가 되는 수

● 겉넓이가 $62\ cm^2$인 직육면체의 가로 구하기

$(\square\times 5+\square\times 3+5\times 3)\times 2=62,$
$\square\times 5+\square\times 3+15=31,$
$\square\times 8=16\rightarrow\square=16\div 8=2$
⇨ 직육면체의 가로는 2 cm입니다.

○ 직육면체의 겉넓이가 다음과 같을 때, 직육면체의 가로, 세로, 높이는 몇 cm인지 구하려고 합니다.
  ☐ 안에 알맞은 수를 써넣으시오.

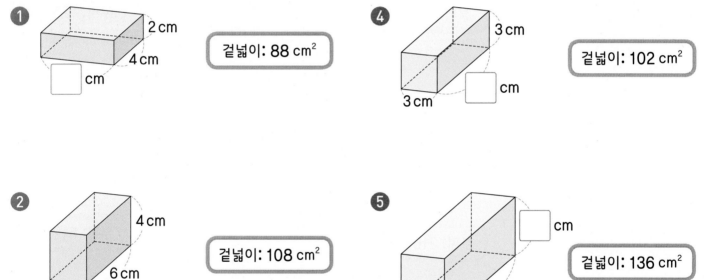

❶ 2 cm, 4 cm, ☐ cm 겉넓이: 88 cm²

❹ 3 cm, 3 cm, ☐ cm 겉넓이: 102 cm²

❷ 4 cm, 6 cm, ☐ cm 겉넓이: 108 cm²

❺ ☐ cm, 8 cm, 3 cm 겉넓이: 136 cm²

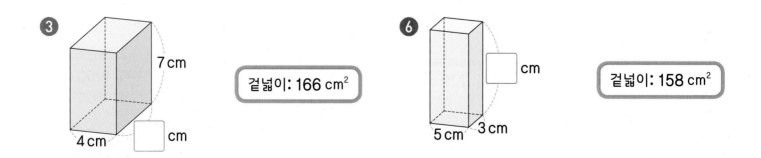

❸ 7 cm, 4 cm, ☐ cm 겉넓이: 166 cm²

❻ ☐ cm, 5 cm, 3 cm 겉넓이: 158 cm²

10 **정육면체의 겉넓이를 알 때 한 모서리의 길이 구하기**

(한 모서리의 길이) × (한 모서리의 길이) × 6
= (겉넓이)

한 모서리의 길이

: 같은 수를 두 번 곱해 (겉넓이) ÷ 6이 되는 수

● 겉넓이가 24 cm²인 정육면체의 한 모서리의 길이 구하기

□ cm

□ × □ × 6 = 24, □ × □ = 24 ÷ 6 = 4,
2 × 2 = 4 → □ = 2
⇨ 정육면체의 한 모서리의 길이는 2 cm입니다.

○ 정육면체의 겉넓이가 다음과 같을 때, 정육면체의 한 모서리의 길이는 몇 cm인지 구하려고 합니다.
□ 안에 알맞은 수를 써넣으시오.

❼
□ cm

겉넓이: 54 cm²

❿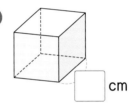
□ cm

겉넓이: 96 cm²

❽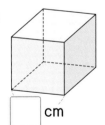
□ cm

겉넓이: 216 cm²

⓫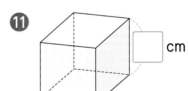
□ cm

겉넓이: 294 cm²

❾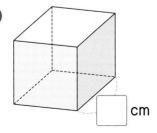
□ cm

겉넓이: 486 cm²

⓬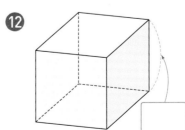
□ cm

겉넓이: 726 cm²

○ ☐ 안에 알맞은 수를 써넣으시오.

1 $6 \text{ m}^3 =$ ☐ cm^3

2 $1.8 \text{ m}^3 =$ ☐ cm^3

3 $45000000 \text{ cm}^3 =$ ☐ m^3

4 $7300000 \text{ cm}^3 =$ ☐ m^3

5 직육면체의 부피는 몇 cm^3입니까?

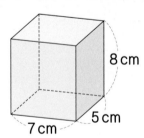

식 _____

답 _____

6 정육면체의 부피는 몇 m^3입니까?

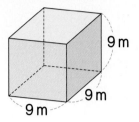

식 _____

답 _____

7 직육면체의 겉넓이는 몇 cm^2입니까?

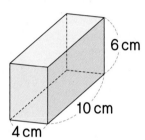

식 _____

답 _____

8 정육면체의 겉넓이는 몇 cm^2입니까?

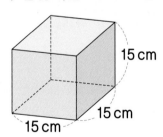

식 _____

답 _____

9 다음 전개도로 만든 직육면체의 부피는 몇 cm³입니까?

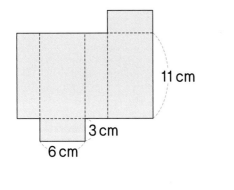

식 _____

답 _____

10 다음 전개도로 만든 정육면체의 부피는 몇 m³입니까?

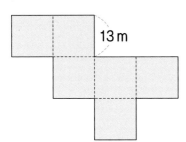

식 _____

답 _____

11 직육면체의 부피가 다음과 같을 때, ☐ 안에 알맞은 수를 써넣으시오.

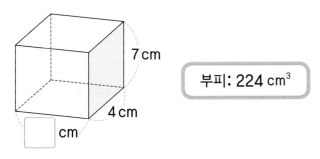

부피: 224 cm³

12 정육면체의 부피가 다음과 같을 때, ☐ 안에 알맞은 수를 써넣으시오.

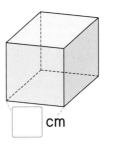

부피: 343 cm³

13 직육면체의 겉넓이가 다음과 같을 때, ☐ 안에 알맞은 수를 써넣으시오.

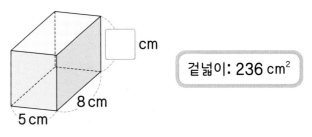

겉넓이: 236 cm²

14 정육면체의 겉넓이가 다음과 같을 때, ☐ 안에 알맞은 수를 써넣으시오.

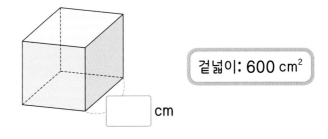

겉넓이: 600 cm²

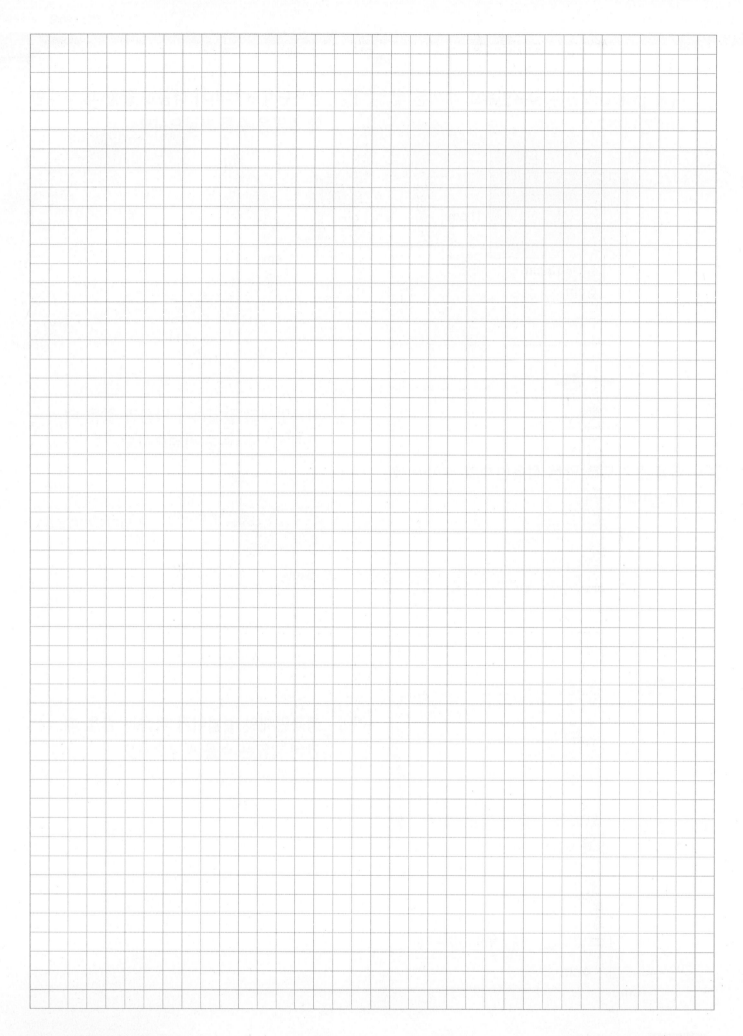

초등수학

6·1

개념 +PLUS 연산 파워

정답과 풀이

정답과 풀이
QR코드

visang

개념＋연산 파워

정답과 풀이

초등수학

6·1

1. 분수의 나눗셈

① (자연수) ÷ (자연수)의 몫을 분수로 나타내기

1일 차

8쪽 ❗ 계산 결과를 대분수로 나타내지 않아도 정답으로 인정합니다.

❶ $\frac{1}{4}$ ❷ $\frac{1}{7}$ ❸ $\frac{1}{9}$ ❹ $\frac{2}{3}$ ❺ $\frac{2}{9}$

❻ $1\frac{1}{2}$ ❼ $\frac{3}{7}$ ❽ $\frac{3}{11}$ ❾ $\frac{4}{5}$ ❿ $\frac{5}{6}$

⓫ $1\frac{1}{5}$ ⓬ $\frac{6}{7}$ ⓭ $2\frac{1}{3}$ ⓮ $\frac{7}{9}$ ⓯ $1\frac{1}{7}$

9쪽

⓰ $\frac{8}{17}$ ⓱ $4\frac{1}{2}$ ⓲ $1\frac{2}{7}$ ⓳ $\frac{9}{10}$ ⓴ $3\frac{1}{3}$ ㉑ $\frac{10}{11}$ ㉒ $1\frac{5}{6}$

㉓ $1\frac{3}{8}$ ㉔ $2\frac{2}{5}$ ㉕ $\frac{12}{17}$ ㉖ $3\frac{1}{4}$ ㉗ $1\frac{3}{10}$ ㉘ $\frac{13}{16}$ ㉙ $\frac{14}{15}$

㉚ $1\frac{7}{8}$ ㉛ $1\frac{2}{13}$ ㉜ $\frac{15}{22}$ ㉝ $\frac{16}{19}$ ㉞ $2\frac{5}{6}$ ㉟ $\frac{19}{25}$ ㊱ $1\frac{5}{16}$

② 분자가 자연수의 배수인 (진분수) ÷ (자연수)

2일 차

10쪽

❶ $\frac{1}{4}$ ❷ $\frac{1}{5}$ ❸ $\frac{2}{5}$ ❹ $\frac{1}{6}$ ❺ $\frac{1}{7}$

❻ $\frac{1}{7}$ ❼ $\frac{3}{7}$ ❽ $\frac{1}{8}$ ❾ $\frac{4}{9}$ ❿ $\frac{2}{9}$

⓫ $\frac{3}{10}$ ⓬ $\frac{1}{10}$ ⓭ $\frac{2}{11}$ ⓮ $\frac{2}{11}$ ⓯ $\frac{5}{11}$

11쪽

⓰ $\frac{1}{12}$ ⓱ $\frac{4}{13}$ ⓲ $\frac{1}{14}$ ⓳ $\frac{3}{14}$ ⓴ $\frac{2}{15}$ ㉑ $\frac{2}{15}$ ㉒ $\frac{7}{15}$

㉓ $\frac{5}{16}$ ㉔ $\frac{3}{17}$ ㉕ $\frac{2}{17}$ ㉖ $\frac{8}{17}$ ㉗ $\frac{1}{18}$ ㉘ $\frac{2}{19}$ ㉙ $\frac{4}{19}$

㉚ $\frac{1}{20}$ ㉛ $\frac{5}{21}$ ㉜ $\frac{2}{21}$ ㉝ $\frac{1}{22}$ ㉞ $\frac{3}{23}$ ㉟ $\frac{4}{23}$ ㊱ $\frac{3}{25}$

③ 분자가 자연수의 배수인 (가분수)÷(자연수)

3일차

12쪽

1. $\dfrac{1}{2}$
2. $\dfrac{2}{3}$
3. $\dfrac{1}{3}$
4. $\dfrac{1}{4}$
5. $\dfrac{3}{4}$
6. $\dfrac{3}{5}$
7. $\dfrac{4}{5}$
8. $\dfrac{2}{5}$
9. $\dfrac{1}{6}$
10. $\dfrac{3}{7}$
11. $\dfrac{2}{7}$
12. $\dfrac{5}{8}$
13. $\dfrac{3}{8}$
14. $\dfrac{5}{8}$
15. $\dfrac{7}{9}$

13쪽

16. $\dfrac{4}{9}$
17. $\dfrac{4}{9}$
18. $\dfrac{8}{9}$
19. $\dfrac{3}{10}$
20. $\dfrac{7}{10}$
21. $\dfrac{7}{10}$
22. $\dfrac{3}{11}$
23. $\dfrac{5}{11}$
24. $\dfrac{9}{11}$
25. $\dfrac{6}{11}$
26. $\dfrac{5}{12}$
27. $\dfrac{5}{12}$
28. $\dfrac{3}{13}$
29. $\dfrac{6}{13}$
30. $\dfrac{9}{14}$
31. $\dfrac{11}{14}$
32. $\dfrac{13}{15}$
33. $\dfrac{8}{15}$
34. $\dfrac{7}{16}$
35. $\dfrac{3}{16}$
36. $\dfrac{3}{17}$

④ 분자가 자연수의 배수가 아닌 (진분수)÷(자연수)

4일차

14쪽

1. $\dfrac{1}{6}$
2. $\dfrac{1}{15}$
3. $\dfrac{1}{9}$
4. $\dfrac{3}{20}$
5. $\dfrac{1}{20}$
6. $\dfrac{1}{10}$
7. $\dfrac{1}{12}$
8. $\dfrac{5}{24}$
9. $\dfrac{2}{21}$
10. $\dfrac{1}{14}$
11. $\dfrac{1}{14}$
12. $\dfrac{6}{35}$
13. $\dfrac{1}{24}$
14. $\dfrac{1}{24}$
15. $\dfrac{1}{16}$

15쪽

16. $\dfrac{4}{45}$
17. $\dfrac{7}{18}$
18. $\dfrac{8}{27}$
19. $\dfrac{3}{50}$
20. $\dfrac{1}{20}$
21. $\dfrac{3}{50}$
22. $\dfrac{5}{22}$
23. $\dfrac{1}{22}$
24. $\dfrac{5}{48}$
25. $\dfrac{1}{24}$
26. $\dfrac{1}{26}$
27. $\dfrac{2}{39}$
28. $\dfrac{3}{52}$
29. $\dfrac{1}{42}$
30. $\dfrac{1}{28}$
31. $\dfrac{1}{60}$
32. $\dfrac{7}{45}$
33. $\dfrac{7}{30}$
34. $\dfrac{3}{32}$
35. $\dfrac{5}{48}$
36. $\dfrac{3}{85}$

⑤ 분자가 자연수의 배수가 아닌 (가분수)÷(자연수)

5일차

16쪽

1. $\dfrac{3}{10}$
2. $\dfrac{5}{12}$
3. $\dfrac{4}{21}$
4. $\dfrac{7}{24}$
5. $\dfrac{5}{6}$
6. $\dfrac{5}{8}$
7. $\dfrac{9}{16}$
8. $\dfrac{3}{8}$
9. $\dfrac{6}{35}$
10. $\dfrac{8}{15}$
11. $\dfrac{3}{25}$
12. $\dfrac{7}{12}$
13. $\dfrac{11}{24}$
14. $\dfrac{13}{30}$
15. $\dfrac{1}{14}$

17쪽

16. $\dfrac{3}{14}$
17. $\dfrac{10}{21}$
18. $\dfrac{3}{28}$
19. $\dfrac{20}{49}$
20. $\dfrac{3}{40}$
21. $\dfrac{11}{32}$
22. $\dfrac{3}{40}$
23. $\dfrac{2}{27}$
24. $\dfrac{11}{36}$
25. $\dfrac{4}{45}$
26. $\dfrac{17}{50}$
27. $\dfrac{7}{20}$
28. $\dfrac{4}{55}$
29. $\dfrac{7}{44}$
30. $\dfrac{5}{33}$
31. $\dfrac{19}{60}$
32. $\dfrac{5}{36}$
33. $\dfrac{2}{39}$
34. $\dfrac{3}{26}$
35. $\dfrac{5}{56}$
36. $\dfrac{3}{28}$

⑥ (대분수) ÷ (자연수)

18쪽 ❶ 계산 결과를 대분수로 나타내지 않아도 정답으로 인정합니다.

❶ $\frac{3}{8}$

❷ $\frac{5}{6}$

❸ $\frac{5}{12}$

❹ $\frac{1}{4}$

❺ $\frac{7}{30}$

❻ $\frac{4}{15}$

❼ $\frac{7}{30}$

❽ $\frac{11}{18}$

❾ $\frac{2}{7}$

❿ $\frac{2}{3}$

⓫ $\frac{9}{20}$

⓬ $\frac{11}{16}$

⓭ $1\frac{1}{5}$

⓮ $\frac{2}{5}$

⓯ $\frac{13}{30}$

19쪽

⓰ $1\frac{5}{12}$

⓱ $\frac{1}{2}$

⓲ $\frac{5}{9}$

⓳ $1\frac{1}{4}$

⓴ $\frac{8}{15}$

㉑ $\frac{3}{7}$

㉒ $\frac{3}{8}$

㉓ $\frac{3}{8}$

㉔ $\frac{2}{3}$

㉕ $\frac{17}{20}$

㉖ $1\frac{1}{5}$

㉗ $2\frac{5}{12}$

㉘ $1\frac{1}{3}$

㉙ $1\frac{3}{4}$

㉚ $\frac{14}{15}$

㉛ $\frac{5}{8}$

㉜ $2\frac{1}{12}$

㉝ $\frac{4}{5}$

㉞ $\frac{9}{14}$

㉟ $\frac{1}{2}$

㊱ $\frac{4}{15}$

⑦ 세 분수의 계산

20쪽 ❶ 계산 결과를 대분수로 나타내지 않아도 정답으로 인정합니다.

❶ $\frac{1}{2}$

❷ $2\frac{1}{7}$

❸ $\frac{21}{32}$

❹ $\frac{16}{27}$

❺ $1\frac{1}{3}$

❻ $1\frac{1}{5}$

❼ $\frac{7}{16}$

❽ $\frac{3}{5}$

❾ $1\frac{1}{5}$

❿ $\frac{5}{18}$

21쪽

⓫ $1\frac{1}{5}$

⓬ $\frac{6}{7}$

⓭ $3\frac{1}{3}$

⓮ $4\frac{1}{2}$

⓯ $2\frac{4}{5}$

⓰ $1\frac{1}{8}$

⓱ $7\frac{1}{12}$

⓲ $1\frac{2}{3}$

⓳ $\frac{3}{4}$

⓴ $3\frac{5}{9}$

㉑ $\frac{7}{9}$

㉒ $1\frac{1}{8}$

㉓ $1\frac{1}{5}$

㉔ $2\frac{1}{7}$

⑧ 그림에서 분수의 나눗셈하기

⑨ 분수를 자연수로 나눈 몫 구하기

22쪽

❶ $\frac{4}{9}$, $\frac{1}{7}$

❷ $\frac{5}{12}$, $\frac{2}{3}$

❸ $\frac{2}{13}$, $\frac{1}{30}$

❹ $\frac{4}{7}$, $\frac{2}{5}$

❺ $\frac{1}{12}$, $\frac{3}{16}$

❻ $\frac{5}{24}$, $\frac{3}{8}$

23쪽

❼ $\frac{2}{7}$

❽ $\frac{2}{11}$

❾ $\frac{3}{20}$

❿ $\frac{4}{39}$

⓫ $\frac{7}{8}$

⓬ $\frac{5}{16}$

⓭ $\frac{5}{9}$

⓮ $\frac{3}{7}$

24쪽

① $\dfrac{23}{60}$　　　⑥ $\dfrac{1}{4}$

② $\dfrac{47}{60}$　　　⑦ $\dfrac{5}{12}$

③ $\dfrac{59}{60}$　　　⑧ $\dfrac{1}{2}$

④ $\dfrac{1}{15}$　　　⑨ $\dfrac{4}{5}$

⑤ $\dfrac{1}{10}$　　　⑩ $\dfrac{9}{10}$

25쪽

⑪ $\dfrac{29}{60}$　　　⑯ $1\dfrac{1}{20}$

⑫ $\dfrac{37}{60}$　　　⑰ $1\dfrac{1}{6}$

⑬ $\dfrac{1}{12}$　　　⑱ $2\dfrac{3}{5}$

⑭ $\dfrac{2}{5}$　　　⑲ $2\dfrac{7}{10}$

⑮ $\dfrac{3}{4}$　　　⑳ $3\dfrac{11}{12}$

⑫ 어떤 수 구하기

26쪽　❶ 계산 결과를 대분수로 나타내지 않아도 정답으로 인정합니다.

① $\dfrac{2}{3}$　　　⑤ $\dfrac{3}{8}$

② $\dfrac{3}{7}$　　　⑥ $\dfrac{1}{4}$

③ $\dfrac{2}{9}$　　　⑦ $\dfrac{1}{11}$

④ $\dfrac{1}{4}$　　　⑧ $\dfrac{2}{7}$

27쪽

⑨ $\dfrac{3}{32}$　　　⑭ $\dfrac{2}{9}$

⑩ $\dfrac{1}{20}$　　　⑮ $\dfrac{4}{35}$

⑪ $1\dfrac{1}{4}$　　　⑯ $\dfrac{3}{16}$

⑫ $\dfrac{7}{15}$　　　⑰ $\dfrac{11}{48}$

⑬ $\dfrac{5}{28}$　　　⑱ $\dfrac{7}{24}$

① $\square=2\div3=\dfrac{2}{3}$　　　⑤ $\square=3\div8=\dfrac{3}{8}$

② $\square=\dfrac{6}{7}\div2=\dfrac{3}{7}$　　　⑥ $\square=\dfrac{3}{4}\div3=\dfrac{1}{4}$

③ $\square=\dfrac{8}{9}\div4=\dfrac{2}{9}$　　　⑦ $\square=\dfrac{5}{11}\div5=\dfrac{1}{11}$

④ $\square=\dfrac{5}{4}\div5=\dfrac{1}{4}$　　　⑧ $\square=\dfrac{12}{7}\div6=\dfrac{2}{7}$

⑨ $\square=\dfrac{3}{8}\div4=\dfrac{3}{32}$　　　⑭ $\square=\dfrac{2}{3}\div3=\dfrac{2}{9}$

⑩ $\square=\dfrac{3}{10}\div6=\dfrac{1}{20}$　　　⑮ $\square=\dfrac{4}{5}\div7=\dfrac{4}{35}$

⑪ $\square=\dfrac{5}{2}\div2=1\dfrac{1}{4}$　　　⑯ $\square=\dfrac{9}{8}\div6=\dfrac{3}{16}$

⑫ $\square=\dfrac{7}{5}\div3=\dfrac{7}{15}$　　　⑰ $\square=\dfrac{11}{6}\div8=\dfrac{11}{48}$

⑬ $\square=1\dfrac{1}{4}\div7=\dfrac{5}{28}$　　　⑱ $\square=2\dfrac{5}{8}\div9=\dfrac{7}{24}$

⑬ 몫이 가장 큰 나눗셈식 만들기　　　⑭ 몫이 가장 작은 나눗셈식 만들기

28쪽

① $\dfrac{5}{2}$, 3 또는 $\dfrac{5}{3}$, 2 / $\dfrac{5}{6}$　　　④ $\dfrac{7}{5}$, 6 또는 $\dfrac{7}{6}$, 5 / $\dfrac{7}{30}$

② $\dfrac{6}{2}$, 4 또는 $\dfrac{6}{4}$, 2 / $\dfrac{3}{4}$　　　⑤ $\dfrac{9}{2}$, 8 또는 $\dfrac{9}{8}$, 2 / $\dfrac{9}{16}$

③ $\dfrac{8}{3}$, 5 또는 $\dfrac{8}{5}$, 3 / $\dfrac{8}{15}$　　　⑥ $\dfrac{9}{4}$, 7 또는 $\dfrac{9}{7}$, 4 / $\dfrac{9}{28}$

29쪽

⑦ $\dfrac{1}{4}$, 3 또는 $\dfrac{1}{3}$, 4 / $\dfrac{1}{12}$　　　⑩ $\dfrac{2}{8}$, 4 또는 $\dfrac{2}{4}$, 8 / $\dfrac{1}{16}$

⑧ $\dfrac{3}{7}$, 5 또는 $\dfrac{3}{5}$, 7 / $\dfrac{3}{35}$　　　⑪ $\dfrac{3}{9}$, 5 또는 $\dfrac{3}{5}$, 9 / $\dfrac{1}{15}$

⑨ $\dfrac{1}{8}$, 6 또는 $\dfrac{1}{6}$, 8 / $\dfrac{1}{48}$　　　⑫ $\dfrac{2}{9}$, 7 또는 $\dfrac{2}{7}$, 9 / $\dfrac{2}{63}$

12일 차

30쪽

❶ 3, 8, $\dfrac{3}{8}$ / $\dfrac{3}{8}$ L

❷ $\dfrac{8}{7}$, 2, $\dfrac{4}{7}$ / $\dfrac{4}{7}$ kg

31쪽

❸ $\dfrac{5}{6}\div4=\dfrac{5}{24}$ / $\dfrac{5}{24}$ L

❹ $\dfrac{32}{9}\div5=\dfrac{32}{45}$ / $\dfrac{32}{45}$ m

❺ $3\dfrac{3}{7}\div3=1\dfrac{1}{7}$ / $1\dfrac{1}{7}$ m²

❸ (하루에 마실 수 있는 우유의 양)
   =(전체 우유의 양)÷(나누어 마시는 날수)
   =$\dfrac{5}{6}\div4=\dfrac{5}{24}$(L)

❹ (선물 상자 한 개를 포장하는 데 사용한 색 테이프의 길이)
   =(전체 색 테이프의 길이)÷(포장한 선물 상자의 수)
   =$\dfrac{32}{9}\div5=\dfrac{32}{45}$(m)

❺ (페인트 한 통으로 칠한 벽면의 넓이)
   =(전체 벽면의 넓이)÷(페인트의 통 수)
   =$3\dfrac{3}{7}\div3=1\dfrac{1}{7}$(m²)

13일 차

32쪽

❶ 2, 2, 3 / $\dfrac{14}{15}$ kg

❷ 3, 3, 2 / $\dfrac{3}{5}$ L

33쪽

❸ $\dfrac{2}{3}\times6\div8=\dfrac{1}{2}$ / $\dfrac{1}{2}$ kg

❹ $1\dfrac{13}{15}\times5\div7=1\dfrac{1}{3}$ / $1\dfrac{1}{3}$ L

❺ $3\dfrac{3}{4}\div15\times7=1\dfrac{3}{4}$ / $1\dfrac{3}{4}$ m

❸ (한 명이 가지는 소금의 양)
   =(한 봉지에 들어 있는 소금의 양)×(봉지의 수)
       ÷(나누어 가지는 사람 수)
   =$\dfrac{2}{3}\times6\div8=\dfrac{1}{2}$(kg)

❹ (하루에 마셔야 할 물의 양)
   =(한 병에 들어 있는 물의 양)×(병의 수)÷(일주일의 날수)
   =$1\dfrac{13}{15}\times5\div7=1\dfrac{1}{3}$(L)

❺ (집 모형을 만드는 데 사용한 수수깡의 길이)
   =(전체 수수깡의 길이)÷(나눈 도막의 수)
       ×(집 모형을 만드는 데 사용한 도막의 수)
   =$3\dfrac{3}{4}\div15\times7=1\dfrac{3}{4}$(m)

14일 차

34쪽

❶ $\dfrac{6}{11}$, $\dfrac{6}{11}$, $\dfrac{3}{11}$, $\dfrac{3}{11}$, $\dfrac{3}{22}$ / $\dfrac{3}{22}$

❷ $2\dfrac{2}{7}$, $2\dfrac{2}{7}$, $\dfrac{4}{7}$, $\dfrac{4}{7}$, $\dfrac{1}{7}$ / $\dfrac{1}{7}$

35쪽

❸ $\dfrac{5}{49}$

❹ $\dfrac{2}{21}$

❺ $\dfrac{7}{24}$

❸ 어떤 수를 □라 하면

□×7=5 ⇨ 5÷7=□, □=$\frac{5}{7}$입니다.

따라서 바르게 계산한 값은 $\frac{5}{7}÷7=\frac{5}{49}$입니다.

❹ 어떤 수를 □라 하면

□×3=$\frac{6}{7}$ ⇨ $\frac{6}{7}÷3$=□, □=$\frac{2}{7}$입니다.

따라서 바르게 계산한 값은 $\frac{2}{7}÷3=\frac{2}{21}$입니다.

❺ 어떤 수를 □라 하면

□×4=$4\frac{2}{3}$ ⇨ $4\frac{2}{3}÷4$=□, □=$\frac{7}{6}$입니다.

따라서 바르게 계산한 값은 $\frac{7}{6}÷4=\frac{7}{24}$입니다.

평가 **1. 분수의 나눗셈**

15일 차

36쪽 ❶ 계산 결과를 대분수로 나타내지 않아도 정답으로 인정합니다.

1 $\frac{1}{3}$

2 $1\frac{3}{4}$

3 $\frac{2}{7}$

4 $\frac{1}{9}$

5 $\frac{2}{3}$

6 $\frac{4}{7}$

7 $\frac{3}{8}$

8 $\frac{3}{20}$

9 $\frac{11}{18}$

10 $\frac{5}{24}$

11 $\frac{3}{5}$

12 $\frac{11}{14}$

13 $1\frac{7}{8}$

14 $1\frac{1}{5}$

37쪽

15 $\frac{6}{7}÷3=\frac{2}{7}$ / $\frac{2}{7}$ L

16 $5\frac{7}{9}÷4=1\frac{4}{9}$

    / $1\frac{4}{9}$ m

17 $\frac{2}{15}×5÷6=\frac{1}{9}$

    / $\frac{1}{9}$ L

18 $8\frac{1}{10}÷9×5=4\frac{1}{2}$

    / $4\frac{1}{2}$ kg

19 $\frac{7}{20}$

20 $\frac{7}{3}$, 6 또는 $\frac{7}{6}$, 3 / $\frac{7}{18}$

---

15 (한 명이 마신 주스의 양)

　　=(전체 주스의 양)÷(나누어 마신 사람 수)

　　=$\frac{6}{7}÷3=\frac{2}{7}$(L)

16 (끈 한 도막의 길이)

　　=(전체 끈의 길이)÷(나누어 자른 도막 수)

　　=$5\frac{7}{9}÷4=1\frac{4}{9}$(m)

17 (하루에 마셔야 할 우유의 양)

　　=(한 병에 들어 있는 우유의 양)×(병의 수)÷(나누어 마시는 날수)

　　=$\frac{2}{15}×5÷6=\frac{1}{9}$(L)

18 (밥을 짓는 데 사용한 쌀의 양)

　　=(전체 쌀의 양)÷(봉지의 수)×(밥을 짓는 데 사용한 봉지의 수)

　　=$8\frac{1}{10}÷9×5=4\frac{1}{2}$(kg)

19 어떤 수를 □라 하면

　　□×5=$8\frac{3}{4}$ ⇨ $8\frac{3}{4}÷5$=□, □=$1\frac{3}{4}$입니다.

　　따라서 바르게 계산한 값은 $1\frac{3}{4}÷5=\frac{7}{20}$입니다.

20 • 분수가 가장 클 때 나눗셈식: $\frac{7}{3}÷6$

　　• 자연수가 가장 작을 때 나눗셈식: $\frac{7}{6}÷3$

　　⇨ $\frac{7}{3}÷6=\frac{7}{18}$ 또는 $\frac{7}{6}÷3=\frac{7}{18}$

2. 각기둥과 각뿔

① 각기둥　② 각기둥의 밑면과 옆면

1일차

40쪽

❶ 나, 마
❷ 가, 다, 마
❸ 가, 나, 라

41쪽

❹ 면 ㄱㄴㄷ, 면 ㄹㅁㅂ
／ 면 ㄱㄹㅁㄴ, 면 ㄴㅁㅂㄷ, 면 ㄱㄹㅂㄷ
❺ 면 ㄱㄴㄷㄹ, 면 ㅁㅂㅅㅇ
／ 면 ㄴㅂㅅㄷ, 면 ㄷㅅㅇㄹ, 면 ㄱㅁㅇㄹ, 면 ㄴㅂㅁㄱ
❻ 면 ㄱㄴㄷㄹㅁㅂ, 면 ㅅㅇㅈㅊㅋㅌ
／ 면 ㄴㅇㅈㄷ, 면 ㄷㅈㅊㄹ, 면 ㄹㅊㅋㅁ, 면 ㅂㅌㅋㅁ, 면 ㄱㅅㅌㅂ, 면 ㄴㅇㅅㄱ

❼ 면 ㄱㄴㄷ, 면 ㄹㅁㅂ
／ 면 ㄱㄴㅁㄹ, 면 ㄴㄷㅂㅁ, 면 ㄱㄷㅂㄹ
❽ 면 ㄱㄴㄷㄹㅁ, 면 ㅂㅅㅇㅈㅊ
／ 면 ㄱㄴㅅㅂ, 면 ㄴㄷㅇㅅ, 면 ㄷㄹㅈㅇ, 면 ㅁㄹㅈㅊ, 면 ㄱㅁㅊㅂ
❾ 면 ㄱㄴㄷㄹㅁㅂ, 면 ㅅㅇㅈㅊㅋㅌ
／ 면 ㄱㄴㅇㅅ, 면 ㄴㄷㅈㅇ, 면 ㄷㄹㅊㅈ, 면 ㅁㄹㅊㅋ, 면 ㅂㅁㅋㅌ, 면 ㄱㅂㅌㅅ

③ 각기둥의 이름　④ 각기둥의 구성 요소

2일차

42쪽

❶ 삼각형 / 삼각기둥
❷ 사각형 / 사각기둥
❸ 오각형 / 오각기둥
❹ 육각형 / 육각기둥
❺ 칠각형 / 칠각기둥
❻ 팔각형 / 팔각기둥

43쪽

❼ 4, 8, 6, 12
❽ 5, 10, 7, 15
❾ 7, 14, 9, 21
❿ 6 cm
⓫ 10 cm
⓬ 9 cm

⑤ 각기둥의 전개도

3일차

44쪽

❶ (　)(　)(○)
❷ (　)(○)(　)
❸ (　)(　)(○)

45쪽

❹ 삼각기둥
❺ 사각기둥
❻ 오각기둥
❼ 육각기둥
❽ 삼각기둥
❾ 사각기둥
❿ 오각기둥
⓫ 팔각기둥

⑥ 각뿔　⑦ 각뿔의 밑면과 옆면

4일차

46쪽

❶ 나, 라
❷ 가, 라
❸ 다, 마

47쪽

❹ 면 ㄴㄷㄹㅁ
／ 면 ㄱㄴㄷ, 면 ㄱㄷㄹ, 면 ㄱㅁㄹ, 면 ㄱㄴㅁ
❺ 면 ㄴㄷㄹㅁㅂ
／ 면 ㄱㄴㄷ, 면 ㄱㄷㄹ, 면 ㄱㄹㅁ, 면 ㄱㅂㅁ, 면 ㄱㄴㅂ
❻ 면 ㄴㄷㄹㅁㅂㅅ
／ 면 ㄱㄴㄷ, 면 ㄱㄷㄹ, 면 ㄱㄹㅁ, 면 ㄱㅂㅁ, 면 ㄱㅅㅂ, 면 ㄱㄴㅅ

❼ 면 ㄴㄷㄹㅁ
／ 면 ㄴㄱㄷ, 면 ㄷㄱㄹ, 면 ㅁㄱㄹ, 면 ㄴㄱㅁ
❽ 면 ㄱㄴㄷㄹㅁ
／ 면 ㄱㄴㅂ, 면 ㄴㄷㅂ, 면 ㄷㄹㅂ, 면 ㅁㄹㅂ, 면 ㄱㅁㅂ
❾ 면 ㄴㄷㄹㅁㅂㅅ
／ 면 ㄴㄱㄷ, 면 ㄷㄱㄹ, 면 ㄹㄱㅁ, 면 ㅂㄱㅁ, 면 ㅅㄱㅂ, 면 ㄴㄱㅅ

5일차

48쪽

❶ 삼각형 / 삼각뿔　　　❹ 육각형 / 육각뿔
❷ 사각형 / 사각뿔　　　❺ 칠각형 / 칠각뿔
❸ 오각형 / 오각뿔　　　❻ 팔각형 / 팔각뿔

49쪽

❼ 3, 4, 4, 6　　　❿ 5 cm
❽ 4, 5, 5, 8　　　⓫ 6 cm
❾ 6, 7, 7, 12　　　⓬ 9 cm

⑩ 밑면과 옆면을 보고 입체도형의 이름 알기

6일차

50쪽

❶ 삼각기둥　　　❸ 사각뿔
❷ 오각기둥　　　❹ 육각뿔

51쪽

❺ 육각기둥　　　❽ 칠각뿔
❻ 오각뿔　　　❾ 팔각기둥
❼ 칠각기둥　　　❿ 십각뿔

⑪ 전개도에서 선분의 길이 구하기

7일차

52쪽　❗ 정답을 왼쪽부터 확인합니다.

❶ 3, 5, 7　　　❹ 4, 6, 8
❷ 8, 4, 5　　　❺ 5, 4, 3
❸ 9, 5, 3　　　❻ 3, 3, 6

53쪽

❼ 5, 6 / 7
❽ 5, 3 / 3
❾ 3, 4 / 5
❿ 5, 6 / 9

⑫ 면, 모서리, 꼭짓점의 수를 알 때
　각기둥의 이름 알기

⑬ 면, 모서리, 꼭짓점의 수를 알 때
　각뿔의 이름 알기

8일차

54쪽

❶ 삼각기둥　　　❺ 오각기둥
❷ 오각기둥　　　❻ 칠각기둥
❸ 삼각기둥　　　❼ 육각기둥
❹ 사각기둥　　　❽ 육각기둥

55쪽

❾ 삼각뿔　　　⓭ 오각뿔
❿ 사각뿔　　　⓮ 칠각뿔
⓫ 오각뿔　　　⓯ 칠각뿔
⓬ 육각뿔　　　⓰ 팔각뿔

⑭ 각기둥의 모든 모서리의 길이의 합 구하기 ⑮ 각뿔의 모든 모서리의 길이의 합 구하기

9일 차

56쪽

❶ 33 cm   ❹ 119 cm
❷ 75 cm   ❺ 112 cm
❸ 108 cm   ❻ 100 cm

❶ 3 cm인 모서리: 6개, 5 cm인 모서리: 3개
  ⇨ (모든 모서리의 길이의 합)=$3 \times 6 + 5 \times 3 = 33$(cm)
❷ 4 cm인 모서리: 10개, 7 cm인 모서리: 5개
  ⇨ (모든 모서리의 길이의 합)=$4 \times 10 + 7 \times 5 = 75$(cm)
❸ 5 cm인 모서리: 12개, 8 cm인 모서리: 6개
  ⇨ (모든 모서리의 길이의 합)=$5 \times 12 + 8 \times 6 = 108$(cm)
❹ 4 cm인 모서리: 14개, 9 cm인 모서리: 7개
  ⇨ (모든 모서리의 길이의 합)=$4 \times 14 + 9 \times 7 = 119$(cm)
❺ 3 cm인 모서리: 16개, 8 cm인 모서리: 8개
  ⇨ (모든 모서리의 길이의 합)=$3 \times 16 + 8 \times 8 = 112$(cm)
❻ 2 cm인 모서리: 20개, 6 cm인 모서리: 10개
  ⇨ (모든 모서리의 길이의 합)=$2 \times 20 + 6 \times 10 = 100$(cm)

57쪽

❼ 40 cm   ❿ 77 cm
❽ 65 cm   ⑪ 96 cm
❾ 66 cm   ⑫ 108 cm

❼ 4 cm인 모서리: 4개, 6 cm인 모서리: 4개
  ⇨ (모든 모서리의 길이의 합)=$4 \times 4 + 6 \times 4 = 40$(cm)
❽ 5 cm인 모서리: 5개, 8 cm인 모서리: 5개
  ⇨ (모든 모서리의 길이의 합)=$5 \times 5 + 8 \times 5 = 65$(cm)
❾ 4 cm인 모서리: 6개, 7 cm인 모서리: 6개
  ⇨ (모든 모서리의 길이의 합)=$4 \times 6 + 7 \times 6 = 66$(cm)
❿ 3 cm인 모서리: 7개, 8 cm인 모서리: 7개
  ⇨ (모든 모서리의 길이의 합)=$3 \times 7 + 8 \times 7 = 77$(cm)
⑪ 3 cm인 모서리: 8개, 9 cm인 모서리: 8개
  ⇨ (모든 모서리의 길이의 합)=$3 \times 8 + 9 \times 8 = 96$(cm)
⑫ 2 cm인 모서리: 9개, 10 cm인 모서리: 9개
  ⇨ (모든 모서리의 길이의 합)=$2 \times 9 + 10 \times 9 = 108$(cm)

(평가) 2. 각기둥과 각뿔

9일 차

10일 차

58쪽

1 다 / 가   5 3, 6, 5, 9
2 나 / 다   6 5, 6, 6, 10
3 오각형 / 오각기둥   7 삼각기둥
4 칠각형 / 칠각뿔   8 육각기둥

59쪽

9 사각기둥   12 삼각기둥
10 오각뿔   13 칠각뿔
11 4, 8, 4 / 6   14 95 cm
                  15 66 cm

14 5 cm인 모서리: 10개, 9 cm인 모서리: 5개
  ⇨ (모든 모서리의 길이의 합)=$5 \times 10 + 9 \times 5 = 95$(cm)

15 3 cm인 모서리: 6개, 8 cm인 모서리: 6개
  ⇨ (모든 모서리의 길이의 합)=$3 \times 6 + 8 \times 6 = 66$(cm)

3. 소수의 나눗셈

① 자연수의 나눗셈을 이용한 (소수)÷(자연수)

1일차

62쪽

❶ 11.3 / 1.13
❹ 12.1 / 1.21
❼ 31.2 / 3.12
❷ 13.2 / 1.32
❺ 21.3 / 2.13
❽ 41.3 / 4.13
❸ 10.2 / 1.02
❻ 10.1 / 1.01
❾ 31.1 / 3.11

63쪽

❿ 141 / 14.1 / 1.41
⓫ 132 / 13.2 / 1.32
⓬ 224 / 22.4 / 2.24
⓭ 232 / 23.2 / 2.32
⓮ 122 / 12.2 / 1.22
⓯ 213 / 21.3 / 2.13
⓰ 324 / 32.4 / 3.24
⓱ 223 / 22.3 / 2.23
⓲ 344 / 34.4 / 3.44
⓳ 101 / 10.1 / 1.01
⓴ 212 / 21.2 / 2.12
㉑ 432 / 43.2 / 4.32
㉒ 441 / 44.1 / 4.41
㉓ 323 / 32.3 / 3.23
㉔ 111 / 11.1 / 1.11

② 각 자리에서 나누어떨어지지 않는 (소수)÷(자연수)

2일차

64쪽

❶ 2.7
❹ 6.6
❼ 3.37
❷ 3.4
❺ 1.78
❽ 4.68
❸ 5.4
❻ 2.63
❾ 2.68

65쪽

❿ 3.8
⓫ 1.2
⓬ 4.6
⓭ 5.3
⓮ 4.5
⓯ 5.9
⓰ 5.3
⓱ 8.6
⓲ 5.9
⓳ 7.9
⓴ 1.87
㉑ 1.59
㉒ 5.79
㉓ 3.52
㉔ 8.79
㉕ 4.75
㉖ 16.84
㉗ 7.35
㉘ 15.23
㉙ 3.14
㉚ 7.67

③ 몫이 1보다 작은 소수인 (소수)÷(자연수)

3일차

66쪽

❶ 0.23
❹ 0.29
❼ 0.56
❷ 0.18
❺ 0.79
❽ 0.43
❸ 0.77
❻ 0.51
❾ 0.56

67쪽

❿ 0.15
⓫ 0.14
⓬ 0.22
⓭ 0.58
⓮ 0.39
⓯ 0.45
⓰ 0.95
⓱ 0.78
⓲ 0.46
⓳ 0.77
⓴ 0.58
㉑ 0.79
㉒ 0.87
㉓ 0.62
㉔ 0.92
㉕ 0.87
㉖ 0.79
㉗ 0.98
㉘ 0.89
㉙ 0.74
㉚ 0.67

4일 차

④ 소수점 아래 0을 내려 계산해야 하는 (소수)÷(자연수)

68쪽

❶ 0.28　❹ 2.25　❼ 1.25
❷ 0.35　❺ 2.65　❽ 0.64
❸ 0.95　❻ 1.65　❾ 0.55

69쪽

❿ 0.85　⑰ 1.35　㉔ 1.55
⓫ 0.46　⑱ 2.85　㉕ 2.35
⓬ 0.35　⑲ 1.55　㉖ 2.12
⓭ 0.85　⑳ 1.15　㉗ 2.15
⓮ 0.76　㉑ 1.85　㉘ 3.85
⓯ 0.65　㉒ 1.64　㉙ 2.65
⓰ 0.86　㉓ 1.45　㉚ 2.45

5일 차

⑤ 몫의 소수 첫째 자리에 0이 있는 (소수)÷(자연수)

70쪽

❶ 1.08　❹ 1.03　❼ 2.08
❷ 1.06　❺ 2.07　❽ 3.05
❸ 1.09　❻ 1.05　❾ 3.02

71쪽

❿ 1.05　⑰ 3.09　㉔ 2.05
⓫ 1.07　⑱ 4.03　㉕ 3.06
⓬ 2.04　⑲ 4.06　㉖ 5.05
⓭ 1.09　⑳ 5.03　㉗ 3.05
⓮ 1.07　㉑ 1.08　㉘ 8.05
⓯ 1.08　㉒ 1.05　㉙ 2.04
⓰ 2.07　㉓ 4.05　㉚ 2.05

6일 차

⑥ (자연수)÷(자연수)의 몫을 소수로 나타내기

72쪽

❶ 0.8　❹ 5.5　❼ 0.75
❷ 0.2　❺ 4.7　❽ 0.22
❸ 6.5　❻ 1.25　❾ 1.15

73쪽

❿ 1.5　⑰ 2.8　㉔ 2.75
⓫ 0.2　⑱ 7.5　㉕ 0.65
⓬ 7.5　⑲ 10.5　㉖ 1.55
⓭ 1.75　⑳ 3.5　㉗ 0.92
⓮ 5.4　㉑ 0.25　㉘ 4.25
⓯ 3.6　㉒ 0.14　㉙ 7.75
⓰ 7.8　㉓ 3.25　㉚ 1.85

7일 차

⑦ 어림셈하여 몫의 소수점 위치 확인하기

74쪽

❶ 예 6, 4, 1 / 1▫4▫8
❷ 예 17, 4, 4 / 4▫1▫9
❸ 예 29, 5, 6 / 5▫8▫7
❹ 예 37, 3, 12 / 1▫2▫3
❺ 예 63, 2, 31 / 3▫1▫4
❻ 예 74, 12, 6 / 6▫1▫8

75쪽

❼ $1.88 \div 2 = 0.94$
❽ $3.3 \div 4 = 0.825$
❾ $11.1 \div 5 = 2.22$
❿ $25.2 \div 6 = 4.2$
⓫ $41.3 \div 7 = 5.9$
⓬ $62.1 \div 3 = 20.7$
⓭ $75.21 \div 23 = 3.27$
⓮ $92.1 \div 15 = 6.14$

76쪽 ❶ 정답을 위에서부터 확인합니다.

❶ 2.43, 1.62   ❹ 0.52, 1.04

❷ 2.32, 0.87   ❺ 5.64, 7.05

❸ 1.9, 1.52   ❻ 3.5, 1.75

77쪽

❼ 2.02   ⓫ 0.71

❽ 1.3   ⓬ 1.65

❾ 4.29   ⓭ 2.85

❿ 0.83   ⓮ 3.07

⑩ 나누어지는 수가 같을 때 나누는 수와 몫의 관계

78쪽

❶ 1.06 / 0.106   ❹ 1.31 / 0.131   ❼ 0.34 / 0.034

❷ 2.14 / 0.214   ❺ 0.05 / 0.005   ❽ 0.45 / 0.045

❸ 3.67 / 0.367   ❻ 0.13 / 0.013   ❾ 1.35 / 0.135

79쪽

❿ 5.2 / 0.52 / 0.052

⓫ 49 / 4.9 / 0.49

⓬ 3.2 / 0.32 / 0.032

⓭ 11.2 / 1.12 / 0.112

⓮ 0.4 / 0.04 / 0.004

⓯ 3.3 / 0.33 / 0.033

⓰ 6.3 / 0.63 / 0.063

⓱ 6.8 / 0.68 / 0.068

⓲ 29.2 / 2.92 / 0.292

⓳ 26.1 / 2.61 / 0.261

⓴ 21.7 / 2.17 / 0.217

㉑ 5.2 / 0.52 / 0.052

㉒ 4.5 / 0.45 / 0.045

㉓ 8.5 / 0.85 / 0.085

㉔ 37.5 / 3.75 / 0.375

⑪ 어떤 수 구하기

80쪽

❶ 3.21   ❻ 2.11

❷ 1.63   ❼ 2.43

❸ 2.86   ❽ 4.59

❹ 0.96   ❾ 0.68

❺ 0.63   ❿ 0.66

81쪽

⓫ 0.95   ⓱ 1.55

⓬ 1.75   ⓲ 2.42

⓭ 1.03   ⓳ 2.09

⓮ 3.02   ⓴ 4.05

⓯ 8.5   ㉑ 5.5

⓰ 0.65   ㉒ 0.62

❶ □=6.42÷2=3.21   ❻ □=8.44÷4=2.11   ⓫ □=7.6÷8=0.95   ⓱ □=3.1÷2=1.55

❷ □=8.15÷5=1.63   ❼ □=14.58÷6=2.43   ⓬ □=10.5÷6=1.75   ⓲ □=12.1÷5=2.42

❸ □=17.16÷6=2.86   ❽ □=27.54÷6=4.59   ⓭ □=4.12÷4=1.03   ⓳ □=4.18÷2=2.09

❹ □=2.88÷3=0.96   ❾ □=4.76÷7=0.68   ⓮ □=27.18÷9=3.02   ⓴ □=24.3÷6=4.05

❺ □=5.67÷9=0.63   ❿ □=5.28÷8=0.66   ⓯ □=51÷6=8.5   ㉑ □=22÷4=5.5

                                                ⓰ □=13÷20=0.65   ㉒ □=31÷50=0.62

82쪽 ● 정답을 위에서부터 확인합니다.

❶ 4, 1, 6   ❸ 6, 2, 4, 8
❷ 4, 4, 6, 2   ❹ 8, 9, 0, 2

83쪽

❺ 3, 2, 1, 2   ❽ 8, 5, 2, 0
❻ 5, 8, 2, 0   ❾ 5, 9, 1, 0
❼ 4, 3, 9, 2   ❿ 5, 8, 8, 0

❶
```
        1 . 4
  ㉠) 5 . 6
      4
      ㉡ ㉢
      1 6
        0
```
• ㉠×1=4 ⇨ ㉠=4
• ㉡=5-4=1
• ㉢=6

❷
```
        1 . ㉠
  6) 8 . ㉡
      ㉢
      ㉣ 4
      2 4
        0
```
• ㉢=6×1=6
• 8-㉢=㉣ ⇨ ㉣=8-6=2
• ㉡=4
• 6×㉠=24 ⇨ ㉠=4

❸
```
        0 . 9 6
  8) 7 . ㉠ 8
      7 ㉡
        4 8
      ㉢ ㉣
        0
```
• 8×9=7㉡ ⇨ ㉡=2
• ㉠-㉡=4 ⇨ ㉠-2=4, ㉠=6
• 48-㉢㉣=0 ⇨ ㉢=4, ㉣=8

❹
```
        0 . 7 ㉠
  ㉡) 7 . ㉢ ㉣
      6 3
        7 2
        7 2
          0
```
• ㉡×7=63 ⇨ ㉡=9
• 7㉢-63=7 ⇨ ㉢=0
• ㉣=2
• ㉡×㉠=72 ⇨ 9×㉠=72, ㉠=8

❺
```
        1 . 6 5
  2) 3 . ㉠ 0
      ㉡
      1 3
      ㉢ ㉣
        1 0
        1 0
          0
```
• ㉡=2×1=2
• ㉠=3
• 2×6=12=㉢㉣ ⇨ ㉢=1, ㉣=2

❻
```
        2 . 0 ㉠
  4) ㉡ . ㉢ 0
      8
        2 ㉣
        2 0
          0
```
• ㉡-8=0 ⇨ ㉡=8
• ㉢=2
• ㉣=0
• 4×㉠=20 ⇨ ㉠=5

❼
```
        3 . 0 ㉠
  ㉡) ㉢ . 1 ㉣
      9
      1 2
      1 2
        0
```
• ㉡×3=9 ⇨ ㉡=3
• ㉢-9=0 ⇨ ㉢=9
• ㉣=2
• ㉡×㉠=12 ⇨ 3×㉠=12, ㉠=4

❽
```
        1 . ㉠ 4
  ㉡) 9 . 2 0
      5
      4 2
      4 0
        2 0
        ㉢ ㉣
          0
```
• ㉡×1=5 ⇨ ㉡=5
• ㉡×㉠=40 ⇨ 5×㉠=40, ㉠=8
• 20-㉢㉣=0 ⇨ ㉢=2, ㉣=0

❾
```
        4 . ㉠
  2) ㉡ . 0
      8
      1 0
      ㉢ ㉣
        0
```
• ㉡-8=1 ⇨ ㉡=9
• 10-㉢㉣=0 ⇨ ㉢=1, ㉣=0
• 2×㉠=㉢㉣ ⇨ 2×㉠=10, ㉠=5

❿
```
        3 . ㉠
  ㉡) 2 ㉢ . 0
      2 4
        4 ㉣
        4 0
          0
```
• ㉡×3=24 ⇨ ㉡=8
• ㉢-4=4 ⇨ ㉢=8
• ㉣=0
• ㉡×㉠=40 ⇨ 8×㉠=40, ㉠=5

84쪽

❶ 7, 6, 4 / 1.9   ❹ 9, 8, 5 / 1.96
❷ 8, 7, 6, 3 / 2.92   ❺ 5, 2 / 2.5
❸ 7, 5, 2 / 3.75   ❻ 9, 5 / 1.8

85쪽

❼ 1, 3, 6, 8 / 1.7   ❿ 1, 3, 4, 5 / 2.68
❽ 4, 5, 6, 8 / 0.57   ⓫ 1, 2, 3, 6 / 2.05
❾ 0, 2, 4, 6 / 0.04   ⓬ 1, 5 / 0.2

⑮ 소수의 나눗셈 문장제 (1)

86쪽

❶ 6.02, 2, 3.01 / 3.01 L
❷ 32.5, 5, 6.5 / 6.5 g
❸ 4.76, 7, 0.68 / 0.68 L

87쪽

❹ 1.88÷4＝0.47 / 0.47 L
❺ 6.48÷6＝1.08 / 1.08 kg
❻ 26÷8＝3.25 / 3.25 kg
❼ 4.89÷3＝1.63 / 1.63 m

❹ (컵 한 개에 담을 수 있는 음료수의 양)
   ＝(전체 음료수의 양)÷(컵의 수)
   ＝1.88÷4＝0.47(L)
❺ (소 한 마리에게 줄 수 있는 먹이의 양)
   ＝(전체 먹이의 양)÷(소의 수)
   ＝6.48÷6＝1.08(kg)

❻ (책 한 권의 무게)
   ＝(전체 책의 무게)÷(책의 수)
   ＝26÷8＝3.25(kg)
❼ 3천 원을 3으로 나누면 천 원입니다.
   ⇨ (천 원으로 살 수 있는 색 테이프의 길이)
      ＝(3천 원으로 살 수 있는 색 테이프의 길이)÷3
      ＝4.89÷3＝1.63(m)

⑯ 바르게 계산한 값 구하기

88쪽

❶ 5.28, 5.28, 1.32, 1.32, 0.33 / 0.33
❷ 16.2, 16.2, 8.1, 8.1, 4.05 / 4.05

89쪽

❸ 1.02
❹ 0.4
❺ 1.48

❸ 어떤 수를 ☐라 하면
   ☐×3＝9.18 ⇨ 9.18÷3＝☐, ☐＝3.06입니다.
   따라서 바르게 계산한 값은 3.06÷3＝1.02입니다.

❹ 어떤 수를 ☐라 하면
   ☐×8＝25.6 ⇨ 25.6÷8＝☐, ☐＝3.2입니다.
   따라서 바르게 계산한 값은 3.2÷8＝0.4입니다.
❺ 어떤 수를 ☐라 하면
   ☐×5＝37 ⇨ 37÷5＝☐, ☐＝7.4입니다.
   따라서 바르게 계산한 값은 7.4÷5＝1.48입니다.

⑰ 소수의 나눗셈 문장제 (2)

90쪽

❶ 2.24, 2.24, 0.32 / 0.32 L
❷ 3.21, 3.21, 1.07 / 1.07 km

91쪽

❸ 0.84 kg
❹ 0.77 m
❺ 7.75 L

❸ (책 한 상자의 무게)＝25.2÷6＝4.2(kg)
   ⇨ (책 한 권의 무게)＝4.2÷5＝0.84(kg)
❹ (한 모둠의 학생들이 가질 수 있는 끈의 길이)＝9.24÷3＝3.08(m)
   ⇨ (한 명이 가질 수 있는 끈의 길이)＝3.08÷4＝0.77(m)

❺ (자동차가 하루에 사용한 기름의 양)＝93÷2＝46.5(L)
   ⇨ (자동차가 1 km를 달리는 데 사용한 기름의 양)
      ＝46.5÷6＝7.75(L)

92쪽

1 2.9
2 0.32
3 3.25
4 3.08
5 0.3

6 123 / 12.3 / 1.23
7 2.8
8 1.78
9 0.66
10 0.93
11 2.45
12 4.32
13 2.05
14 6.75

93쪽

15 4.92÷3=1.64
   / 1.64 m
16 2.38÷7=0.34
   / 0.34 cm
17 2.3

18 0.32 kg
19 1.07 L
20 1, 8 / 0.125

15 (한 명이 가질 수 있는 털실의 길이)
   =(전체 털실의 길이)÷(나누어 가지는 사람 수)
   =4.92÷3=1.64(m)
16 (양초가 1분 동안 타는 길이)
   =(7분 동안 타는 양초의 길이)÷(7분)
   =2.38÷7=0.34(cm)
17 어떤 수를 □라 하면
   □×6=82.8 ⇨ 82.8÷6=□, □=13.8입니다.
   따라서 바르게 계산한 값은 13.8÷6=2.3입니다.

18 (복숭아 한 봉지의 무게)=3.2÷2=1.6(kg)
   ⇨ (복숭아 한 개의 무게)=1.6÷5=0.32(kg)
19 (한 통에 담은 음료수의 양)=12.84÷4=3.21(L)
   ⇨ (하루에 마시는 음료수의 양)=3.21÷3=1.07(L)
20 ・가장 작은 수: 1
   ・가장 큰 수: 8
   ⇨ 1÷8=0.125

4. 비와 비율

① 비로 나타내기

96쪽

❶ 3, 5 / 5, 3 / 3, 5
❷ 7, 2 / 2, 7 / 7, 2

97쪽

❸ 2 : 3
❹ 3 : 8
❺ 5 : 4
❻ 7 : 6
❼ 4 : 5
❽ 5 : 7
❾ 8 : 9

❿ 1 : 4
⓫ 6 : 7
⓬ 11 : 9
⓭ 3 : 10
⓮ 5 : 9
⓯ 7 : 12
⓰ 11 : 8

⓱ 5 : 11
⓲ 7 : 5
⓳ 9 : 8
⓴ 9 : 13
㉑ 10 : 15
㉒ 11 : 14
㉓ 17 : 8

② 비율을 분수나 소수로 나타내기

98쪽

❶ 2, 5, $\dfrac{2}{5}$, 0.4

❷ 3, 10, $\dfrac{3}{10}$, 0.3

❸ 1, 4, $\dfrac{1}{4}$, 0.25

❹ 5, 2, $\dfrac{5}{2}\left(=2\dfrac{1}{2}\right)$, 2.5

❺ 9, 6, $\dfrac{9}{6}\left(=\dfrac{3}{2}=1\dfrac{1}{2}\right)$, 1.5

❻ 3, 20, $\dfrac{3}{20}$, 0.15

❼ 1, 8, $\dfrac{1}{8}$, 0.125

❽ 14, 5, $\dfrac{14}{5}\left(=2\dfrac{4}{5}\right)$, 2.8

99쪽

❾ $\dfrac{1}{10}$ / 0.1

❿ $\dfrac{6}{5}\left(=1\dfrac{1}{5}\right)$ / 1.2

⓫ $\dfrac{7}{20}$ / 0.35

⓬ $\dfrac{9}{2}\left(=4\dfrac{1}{2}\right)$ / 4.5

⓭ $\dfrac{12}{15}\left(=\dfrac{4}{5}\right)$ / 0.8

⓮ $\dfrac{17}{2}\left(=8\dfrac{1}{2}\right)$ / 8.5

⓯ $\dfrac{12}{16}\left(=\dfrac{3}{4}\right)$ / 0.75

⓰ $\dfrac{6}{20}\left(=\dfrac{3}{10}\right)$ / 0.3

⓱ $\dfrac{4}{25}$ / 0.16

⓲ $\dfrac{7}{8}$ / 0.875

⓳ $\dfrac{1}{20}$ / 0.05

⓴ $\dfrac{5}{8}$ / 0.625

㉑ $\dfrac{9}{20}$ / 0.45

㉒ $\dfrac{12}{5}\left(=2\dfrac{2}{5}\right)$ / 2.4

㉓ $\dfrac{13}{20}$ / 0.65

③ 비율을 백분율로 나타내기

100쪽

❶ 4 %
❷ 17 %
❸ 25 %
❹ 40 %
❺ 63 %
❻ 70 %
❼ 87 %
❽ 92 %
❾ 130 %
❿ 149 %
⓫ 156 %
⓬ 179 %
⓭ 180 %
⓮ 208 %
⓯ 351 %

101쪽

⓰ 25 %
⓱ 60 %
⓲ 50 %
⓳ 125 %
⓴ 70 %
㉑ 120 %
㉒ 65 %
㉓ 115 %
㉔ 32 %
㉕ 56 %
㉖ 90 %
㉗ 140 %
㉘ 60 %
㉙ 160 %
㉚ 130 %
㉛ 66 %
㉜ 178 %
㉝ 97 %
㉞ 175 %
㉟ 16 %
㊱ 140 %

④ 백분율을 비율로 나타내기

102쪽

❶ $\dfrac{5}{100}\left(=\dfrac{1}{20}\right)$ ❻ $\dfrac{35}{100}\left(=\dfrac{7}{20}\right)$ ⓫ $\dfrac{86}{100}\left(=\dfrac{43}{50}\right)$

❷ $\dfrac{7}{100}$ ❼ $\dfrac{46}{100}\left(=\dfrac{23}{50}\right)$ ⓬ $\dfrac{93}{100}$

❸ $\dfrac{11}{100}$ ❽ $\dfrac{58}{100}\left(=\dfrac{29}{50}\right)$ ⓭ $\dfrac{109}{100}\left(=1\dfrac{9}{100}\right)$

❹ $\dfrac{24}{100}\left(=\dfrac{6}{25}\right)$ ❾ $\dfrac{61}{100}$ ⓮ $\dfrac{287}{100}\left(=2\dfrac{87}{100}\right)$

❺ $\dfrac{27}{100}$ ❿ $\dfrac{72}{100}\left(=\dfrac{18}{25}\right)$ ⓯ $\dfrac{373}{100}\left(=3\dfrac{73}{100}\right)$

103쪽

⓰ 0.07   ㉓ 0.47   ㉚ 0.88

⓱ 0.08   ㉔ 0.55   ㉛ 0.96

⓲ 0.13   ㉕ 0.59   ㉜ 0.97

⓳ 0.23   ㉖ 0.63   ㉝ 1.1

⓴ 0.31   ㉗ 0.7   ㉞ 1.53

㉑ 0.36   ㉘ 0.74   ㉟ 2.6

㉒ 0.4   ㉙ 0.82   ㊱ 3.85

⑤ 주어진 비만큼 색칠하기

⑥ 비를 백분율로 나타내기

104쪽

❶ 예 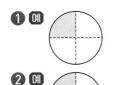   ❹ 예   ❼ 예

❷ 예   ❺ 예   ❽ 예

❸ 예   ❻ 예   ❾ 예

105쪽

❿ 20 %   ⓮ 35 %   ⓲ 55 %

⓫ 25 %   ⓯ 30 %   ⓳ 60 %

⓬ 40 %   ⓰ 75 %   ⓴ 78 %

⓭ 32 %   ⓱ 110 %   ㉑ 127 %

❿ $1:5 \Rightarrow \dfrac{1}{5} \Rightarrow \dfrac{1}{5}\times100=20(\%)$

⓫ $2:8 \Rightarrow \dfrac{2}{8} \Rightarrow \dfrac{2}{8}\times100=25(\%)$

⓬ $4:10 \Rightarrow \dfrac{4}{10} \Rightarrow \dfrac{4}{10}\times100=40(\%)$

⓭ $8:25 \Rightarrow \dfrac{8}{25} \Rightarrow \dfrac{8}{25}\times100=32(\%)$

⓮ $7:20 \Rightarrow \dfrac{7}{20} \Rightarrow \dfrac{7}{20}\times100=35(\%)$

⓯ $9:30 \Rightarrow \dfrac{9}{30} \Rightarrow \dfrac{9}{30}\times100=30(\%)$

⓰ $3:4 \Rightarrow \dfrac{3}{4} \Rightarrow \dfrac{3}{4}\times100=75(\%)$

⓱ $11:10 \Rightarrow \dfrac{11}{10} \Rightarrow \dfrac{11}{10}\times100=110(\%)$

⓲ $22:40 \Rightarrow \dfrac{22}{40} \Rightarrow \dfrac{22}{40}\times100=55(\%)$

⓳ $9:15 \Rightarrow \dfrac{9}{15} \Rightarrow \dfrac{9}{15}\times100=60(\%)$

⓴ $39:50 \Rightarrow \dfrac{39}{50} \Rightarrow \dfrac{39}{50}\times100=78(\%)$

㉑ $127:100 \Rightarrow \dfrac{127}{100} \Rightarrow \dfrac{127}{100}\times100=127(\%)$

6일차

106쪽

❶ $\frac{1}{2}$　　　❻ 1.01

❷ 87 %　　　❼ $\frac{7}{4}$

❸ $\frac{5}{7}$　　　❽ 102 %

❹ 0.95　　　❾ 1.23

❺ 99 %　　　❿ 110 %

❶ $\frac{1}{2}<1$, $1.2>1$이므로 $\frac{1}{2}$입니다.

❷ $1.07>1$, 87 %<100 %이므로 87 %입니다.

❸ 103 %>100 %, $\frac{5}{7}<1$이므로 $\frac{5}{7}$입니다.

❹ $0.95<1$, $\frac{9}{8}>1$이므로 0.95입니다.

❺ $\frac{11}{10}>1$, 99 %<100 %이므로 99 %입니다.

❻ $\frac{2}{3}<1$, $1.01>1$, 53 %<100 %이므로 1.01입니다.

❼ $0.6<1$, 89 %<100 %, $\frac{7}{4}>1$이므로 $\frac{7}{4}$입니다.

❽ 102 %>100 %, $\frac{5}{6}<1$, $0.86<1$이므로 102 %입니다.

❾ $1.23>1$, $\frac{8}{9}<1$, 98 %<100 %이므로 1.23입니다.

❿ $\frac{9}{11}<1$, 110 %>100 %, $0.98<1$이므로 110 %입니다.

107쪽

⓫ 75 %　　　⓮ 60 %　　　⓱ 25 %

⓬ 40 %　　　⓯ 25 %　　　⓲ 35 %

⓭ 50 %　　　⓰ 80 %　　　⓳ 56 %

⓫ $\frac{3}{4}\times100=75(\%)$

⓬ $\frac{2}{5}\times100=40(\%)$

⓭ $\frac{4}{8}\times100=50(\%)$

⓮ $\frac{6}{10}\times100=60(\%)$

⓯ $\frac{3}{12}\times100=25(\%)$

⓰ $\frac{12}{15}\times100=80(\%)$

⓱ $\frac{4}{16}\times100=25(\%)$

⓲ $\frac{7}{20}\times100=35(\%)$

⓳ $\frac{14}{25}\times100=56(\%)$

7일차

108쪽

❶ 200, 200, 5 / $\frac{200}{40}(=5)$

❷ 8000, 8000, 1600 / $\frac{8000}{5}(=1600)$

109쪽

❸ $\frac{50}{2}(=25)$

❹ $\frac{320}{4}(=80)$

❺ $\frac{192000}{60}(=3200)$

❸ 걸린 시간: 2시간, 간 거리: 50 km

⇨ (걸린 시간에 대한 간 거리의 비율)$=\frac{50}{2}(=25)$

❹ 걸린 시간: 4시간, 간 거리: 320 km

⇨ (걸린 시간에 대한 간 거리의 비율)$=\frac{320}{4}(=80)$

❺ 넓이: 60 km², 인구: 192000명

⇨ (도시의 넓이에 대한 인구의 비율)$=\frac{192000}{60}(=3200)$

8일 차

⑩ 진하기 구하기

110쪽

❶ 45, 45, 25 / 25 %

❷ 9, 9, 3 / 3 %

❸ 소금물 양: 330 g, 소금 양: 99 g
⇨ (소금물 양에 대한 소금 양의 비율)
$= \dfrac{99}{330} \times 100 = 30(\%)$

❹ 포도주스 양: 400 mL, 포도 원액 양: 160 mL
⇨ (포도주스 양에 대한 포도 원액 양의 비율)
$= \dfrac{160}{400} \times 100 = 40(\%)$

111쪽

❸ 30 %

❹ 40 %

❺ 2 %

❺ 흰색 물감 양: 500 mL, 빨간색 물감 양: 10 mL
⇨ (흰색 물감 양에 대한 빨간색 물감 양의 비율)
$= \dfrac{10}{500} \times 100 = 2(\%)$

⑪ 득표율, 성공률, 찬성률, 타율 구하기

9일 차

112쪽

❶ 120, 120, 30 / 30 %

❷ 14, 14, 70 / 70 %

❸ 투표 수: 900표, 득표 수: 495표
⇨ (가 후보의 득표율)$= \dfrac{495}{900} \times 100 = 55(\%)$

❹ 던진 화살 수: 50번, 넣은 화살 수: 31번
⇨ (지효의 성공률)$= \dfrac{31}{50} \times 100 = 62(\%)$

113쪽

❸ 55 %

❹ 62 %

❺ 48 %

❻ 40 %

❺ 전체 학생 수: 200명, 찬성하는 학생 수: 96명
⇨ (찬성률)$= \dfrac{96}{200} \times 100 = 48(\%)$

❻ 전체 타수: 60타수, 안타 수: 24개
⇨ (타율)$= \dfrac{24}{60} \times 100 = 40(\%)$

⑫ 할인율, 이자율 구하기

10일 차

114쪽

❶ 4000, 1000, 1000, 20 / 20 %

❷ 30000, 600, 600, 2 / 2 %

❸ (할인 금액)$= 10000 - 8500 = 1500(원)$
⇨ (로봇의 할인율)$= \dfrac{1500}{10000} \times 100 = 15(\%)$

❹ (할인 금액)$= 12000 - 9000 = 3000(원)$
⇨ (입장료의 할인율)$= \dfrac{3000}{12000} \times 100 = 25(\%)$

115쪽

❸ 15 %

❹ 25 %

❺ 3 %

❺ (이자)$= 61800 - 60000 = 1800(원)$
⇨ (행복 은행의 이자율)$= \dfrac{1800}{60000} \times 100 = 3(\%)$

116쪽

1 5, 2

2 2, 5

3 5, 2

4 6 : 7

5 13 : 8

6 $\dfrac{10}{4}\left(=\dfrac{5}{2}=2\dfrac{1}{2}\right)$ / 2.5

7 $\dfrac{12}{25}$ / 0.48

8 49 %

9 165 %

10 $\dfrac{28}{100}\left(=\dfrac{7}{25}\right)$

11 $\dfrac{107}{100}\left(=1\dfrac{7}{100}\right)$

12 0.53

13 3.46

117쪽

14 예

15 130 %

16 105 %

17 64 %

18 $\dfrac{450}{3}(=150)$

19 35 %

20 60 %

21 12 %

---

15 13 : 10 ⇨ $\dfrac{13}{10}$ ⇨ $\dfrac{13}{10} \times 100 = 130(\%)$

16 $\dfrac{3}{4} < 1$, 0.69 < 1, 105 % > 100 %이므로 105 %입니다.

17 $\dfrac{16}{25} \times 100 = 64(\%)$

18 걸린 시간: 3시간, 간 거리: 450 km

⇨ (걸린 시간에 대한 간 거리의 비율) $= \dfrac{450}{3}(=150)$

19 소금물 양: 260 g, 소금 양: 91 g

⇨ (소금물 양에 대한 소금 양의 비율) $= \dfrac{91}{260} \times 100 = 35(\%)$

20 던진 공 수: 30번, 넣은 공 수: 18번

⇨ (민형이의 성공률) $= \dfrac{18}{30} \times 100 = 60(\%)$

21 (할인 금액) = 25000 − 22000 = 3000(원)

⇨ (수박의 할인율) $= \dfrac{3000}{25000} \times 100 = 12(\%)$

5. 여러 가지 그래프

① 그림그래프로 나타내기

1일차

120쪽

❶ 2, 1 / 1, 6

❷
도서관별 책의 수

도서관	책의 수
새싹	
푸른	
하늘	
한마음	

📕 10만 권
📗 1만 권

121쪽

❸ 240, 410, 350, 170

❹
지역별 감자 생산량

지역	생산량
가	
나	
다	
라	

🥔 100 t
🥔 10 t

❺ 1100, 2000, 3100, 2700

❻
과수원별 귤 판매량

과수원	판매량
하늘	
구름	
햇빛	
바람	

🍊 1000 kg
🍊 100 kg

② 띠그래프

2일차

122쪽

❶ 25 / 2, 10 / 4, 20

❷ 25, 10, 20

123쪽

❸ 소나무

❹ 45 %

❺ 학용품

❻ 2배

❸ 띠그래프에서 띠의 길이가 가장 긴 항목을 찾으면 소나무입니다.
❹ 은행나무: 25 %, 단풍나무: 20 % ⇨ 25+20=45(%)

❺ 띠그래프에서 29 %를 차지하는 항목을 찾으면 학용품입니다.
❻ 저금: 24 %, 장난감: 12 % ⇨ 24÷12=2(배)

③ 띠그래프로 나타내기

3일차

124쪽

❶ 25, 20, 15, 100

❷ 100 %

❸
취미별 학생 수

0 10 20 30 40 50 60 70 80 90 100(%)

| 게임 (40 %) | 운동 (25 %) | 음악 감상 (20 %) | TV 시청 (15 %) |

125쪽

❹ 25, 15, 35, 25, 100

❺
독서 시간별 학생 수

0 10 20 30 40 50 60 70 80 90 100(%)

| 60분 미만 (25 %) | 60분 이상 90분 미만 (15 %) | 90분 이상 120분 미만 (35 %) | 120분 이상 (25 %) |

❻ 42, 25, 20, 13, 100

❼
전교 학생 회장 후보자별 득표수

0 10 20 30 40 50 60 70 80 90 100(%)

| 재희 (42 %) | 은수 (25 %) | 태호 (20 %) | 정아 (13 %) |

❶ ·운동: $\dfrac{60}{240} \times 100 = 25(\%)$

　·음악 감상: $\dfrac{48}{240} \times 100 = 20(\%)$

　·TV 시청: $\dfrac{36}{240} \times 100 = 15(\%)$

❷ $40 + 25 + 20 + 15 = 100(\%)$

❹ ·60분 미만: $\dfrac{100}{400} \times 100 = 25(\%)$

　·60분 이상 90분 미만: $\dfrac{60}{400} \times 100 = 15(\%)$

　·90분 이상 120분 미만: $\dfrac{140}{400} \times 100 = 35(\%)$

　·120분 이상: $\dfrac{100}{400} \times 100 = 25(\%)$

❻ ·재희: $\dfrac{252}{600} \times 100 = 42(\%)$　·은수: $\dfrac{150}{600} \times 100 = 25(\%)$

　·태호: $\dfrac{120}{600} \times 100 = 20(\%)$　·정아: $\dfrac{78}{600} \times 100 = 13(\%)$

---

④ **원그래프**

4일 차

126쪽

❶ 30 / 3, 10 / 6, 20

❷ (위에서부터) 20, 10, 30

127쪽

❸ 빨간색

❹ 45 %

❺ 1 %

❻ 3배

❸ 원그래프에서 차지하는 부분이 가장 넓은 항목을 찾으면 빨간색입니다.

❹ 노란색: 30 %, 보라색: 15 % ⇨ 30 + 15 = 45(%)

❻ 게임기: 45 %, 책: 15 % ⇨ 45 ÷ 15 = 3(배)

---

⑤ **원그래프로 나타내기**

5일 차

128쪽

❶ 30, 30, 15, 100

❷ 100 %

❸ 좋아하는 우유별 학생 수

129쪽

❹ 45, 30, 15, 10, 100

❺ 존경하는 위인별 학생 수

❻ 40, 32, 23, 5, 100

❼ 즐겨 보는 TV프로그램별 학생 수

❶ ·딸기 우유: $\dfrac{42}{140} \times 100 = 30(\%)$

　·초코 우유: $\dfrac{42}{140} \times 100 = 30(\%)$

　·바나나 우유: $\dfrac{21}{140} \times 100 = 15(\%)$

❷ $30 + 30 + 25 + 15 = 100(\%)$

❹ ·세종대왕: $\dfrac{72}{160} \times 100 = 45(\%)$　·이순신: $\dfrac{48}{160} \times 100 = 30(\%)$

　·안중근: $\dfrac{24}{160} \times 100 = 15(\%)$　·유관순: $\dfrac{16}{160} \times 100 = 10(\%)$

❻ ·예능: $\dfrac{320}{800} \times 100 = 40(\%)$　·드라마: $\dfrac{256}{800} \times 100 = 32(\%)$

　·시사: $\dfrac{184}{800} \times 100 = 23(\%)$　·다큐: $\dfrac{40}{800} \times 100 = 5(\%)$

⑥ 여러 가지 그래프의 비교

6일차

130쪽

❶ 예 ㉮

❷ 예 ㉯

❸ 예 ㉰

131쪽

❹ (위에서부터) 1400 / 30, 20, 15, 35, 100

❺
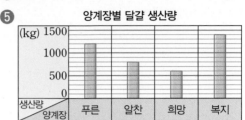

양계장별 달걀 생산량

❻
양계장별 달걀 생산량

0 10 20 30 40 50 60 70 80 90 100(%)
푸른 (30 %) · 알찬 (20 %) · 희망 (15 %) · 복지 (35 %)

---

❶ 좋아하는 과목별 학생 수는 자료의 수량을 비교할 수 있는 막대그래프(㉮) 또는 전체에 대한 각 부분의 비율을 쉽게 알 수 있는 원그래프(㉰)로 나타내는 것이 좋습니다.

❷ 연도별 미세 먼지 농도의 변화는 자료의 변화 정도를 쉽게 알 수 있는 꺾은선그래프(㉯)로 나타내는 것이 좋습니다.

❸ 분야별 자원봉사자 수의 비율은 전체에 대한 각 부분의 비율을 쉽게 알 수 있는 원그래프(㉰)로 나타내는 것이 좋습니다.

❹ • 푸른: $\dfrac{1200}{4000} \times 100 = 30(\%)$ • 알찬: $\dfrac{800}{4000} \times 100 = 20(\%)$

• 희망: $\dfrac{600}{4000} \times 100 = 15(\%)$ • 복지: $\dfrac{1400}{4000} \times 100 = 35(\%)$

❻ 각 항목이 차지하는 백분율의 크기만큼 띠를 나누어 내용과 백분율을 써넣습니다.

---

⑦ 띠그래프를 보고 원그래프로 나타내기

⑧ 원그래프를 보고 띠그래프로 나타내기

7일차

132쪽

❶ 가축별 마릿수

❷ 학용품별 금액

133쪽

❸ 성씨별 주민 수

0 10 20 30 40 50 60 70 80 90 100(%)
김씨 (35 %) · 이씨 (25 %) · 박씨 (15%) · 기타 (25 %)

❹ 생활비의 쓰임새별 금액

0 10 20 30 40 50 60 70 80 90 100(%)
주거비 (40 %) · 교육비 (25 %) · 식품비 (20 %) · 기타 (15%)

---

❶ 원그래프의 작은 눈금 한 칸은 5 %를 나타냅니다.
• 닭: 50 % → 10칸
• 돼지: 30 % → 6칸
• 오리: 15 % → 3칸
• 소: 5 % → 1칸

❷ 원그래프의 작은 눈금 한 칸은 5 %를 나타냅니다.
• 펜: 40 % → 8칸
• 색연필: 30 % → 6칸
• 공책: 20 % → 4칸
• 자: 10 % → 2칸

❸ 띠그래프의 작은 눈금 한 칸은 5 %를 나타냅니다.
• 김씨: 35 % → 7칸
• 이씨: 25 % → 5칸
• 박씨: 15 % → 3칸
• 기타: 25 % → 5칸

❹ 띠그래프의 작은 눈금 한 칸은 5 %를 나타냅니다.
• 주거비: 40 % → 8칸
• 교육비: 25 % → 5칸
• 식품비: 20 % → 4칸
• 기타: 15 % → 3칸

134쪽

❶ 40명   ❸ 36명
❷ 175명   ❹ 90명

135쪽

❺ 120명   ❼ 40명
❻ 400명   ❽ 300권

❶ (영국에 가고 싶은 학생의 비율)=20 % → $\dfrac{20}{100}$

⇨ (영국에 가고 싶은 학생 수)=$200 \times \dfrac{20}{100}=40$(명)

❷ (강아지를 기르고 싶은 학생의 비율)=35 % → $\dfrac{35}{100}$

⇨ (강아지를 기르고 싶은 학생 수)=$500 \times \dfrac{35}{100}=175$(명)

❸ (튤립을 좋아하는 학생의 비율)=15 % → $\dfrac{15}{100}$

⇨ (튤립을 좋아하는 학생 수)=$240 \times \dfrac{15}{100}=36$(명)

❹ (컴퓨터를 수강하는 학생의 비율)=30 % → $\dfrac{30}{100}$

⇨ (컴퓨터를 수강하는 학생 수)=$300 \times \dfrac{30}{100}=90$(명)

❺ 전체: 100 %, 윷놀이: 20 %
⇨ 전체 학생 수는 윷놀이를 좋아하는 학생 수의 100÷20=5(배)이므로 24×5=120(명)입니다.

❻ 전체: 100 %, 포도: 5 %
⇨ 전체 학생 수는 포도를 좋아하는 학생 수의 100÷5=20(배)이므로 20×20=400(명)입니다.

❼ 전체: 100 %, 우유: 10 %
⇨ 전체 학생 수는 우유를 좋아하는 학생 수의 100÷10=10(배)이므로 4×10=40(명)입니다.

❽ 전체: 100 %, 동화책: 50 %
⇨ 빌린 전체 책 수는 빌린 동화책 수의 100÷50=2(배)이므로 학생들이 빌린 책은 모두 150×2=300(권)입니다.

136쪽

❶ 채소   ❸ 돼지, 닭
❷ 2배   ❹ 돼지

137쪽

❺ 현수네 마을   ❼ 고등어
❻ 콩   ❽ 꽁치

❶ 7월 띠그래프에 비해 8월 띠그래프에서 길이가 짧아진 식품은 채소입니다.

❷ 7월: 15 %, 8월: 30 % ⇨ 30÷15=2(배)

❸ 2009년 띠그래프에 비해 2019년 띠그래프에서 띠의 길이가 길어진 가축은 돼지와 닭입니다.

❹ 2009년과 2019년의 띠의 길이의 차가 가장 큰 가축은 돼지입니다.

❺ 두 원그래프에서 보리 생산량이 차지하는 부분이 더 넓은 마을은 현수네 마을입니다.

❻ 영주네 마을의 전체 생산량에 대한 콩 생산량의 비율과 현수네 마을의 전체 생산량에 대한 콩 생산량의 비율이 20 %로 같습니다.

❼ 3월 원그래프에 비해 11월 원그래프에서 차지하는 부분이 넓어진 수산물은 고등어입니다.

❽ 3월의 전체 생산량에 대한 꽁치 생산량의 비율과 11월의 전체 생산량에 대한 꽁치 생산량의 비율이 15 %로 같습니다.

10일 차

138쪽

1 330, 250, 420

2 마을별 쓰레기 배출량

마을	배출량
가	🗑🗑🗑◦◦◦
나	🗑🗑◦◦◦◦◦◦
다	🗑🗑🗑◦◦◦

🗑 100 t   ◦ 10 t

3 35 %

4 2배

5 30, 45, 20, 5, 100 /

가족 수별 학생 수

0 10 20 30 40 50 60 70 80 90 100(%)

3명 (30 %)	4명 (45 %)	5명 (20 %)

6명 이상 (5 %)

6 인형

7 35 %

139쪽

8 30, 25, 20, 25, 100 /

조사하고 싶은 문화재별 학생 수

9 예 꺾은선그래프

10 예 띠그래프

11 40명

12 일본

13 한국

---

4 봄: 30 %, 여름: 15 % ⇨ 30÷15=2(배)

5 · 3명: $\frac{210}{700} \times 100 = 30(\%)$ · 4명: $\frac{315}{700} \times 100 = 45(\%)$

   · 5명: $\frac{140}{700} \times 100 = 20(\%)$ · 6명 이상: $\frac{35}{700} \times 100 = 5(\%)$

6 원그래프에서 차지하는 부분이 가장 넓은 항목을 찾으면 인형입니다.

7 자동차: 20 %, 로봇: 15 % ⇨ 20+15=35(%)

8 · 경복궁: $\frac{150}{500} \times 100 = 30(\%)$ · 첨성대: $\frac{125}{500} \times 100 = 25(\%)$

   · 석굴암: $\frac{100}{500} \times 100 = 20(\%)$ · 기타: $\frac{125}{500} \times 100 = 25(\%)$

9 연도별 적설량의 변화는 자료의 변화 정도를 쉽게 알 수 있는 꺾은선그래프로 나타내는 것이 좋습니다.

10 마을별 초등학생 수의 비율은 전체에 대한 각 부분의 비율을 쉽게 알 수 있는 띠그래프로 나타내는 것이 좋습니다.

11 (김밥을 좋아하는 학생의 비율)=25 % → $\frac{25}{100}$

   ⇨ (김밥을 좋아하는 학생 수)=$160 \times \frac{25}{100} = 40$(명)

12 2014년 띠그래프에 비해 2019년 띠그래프에서 띠의 길이가 짧아진 나라는 일본입니다.

13 2014년과 2019년의 띠의 길이의 차가 가장 큰 나라는 한국입니다.

---

6. 직육면체의 부피와 겉넓이

① **부피의 단위 1 m³와 1 cm³의 관계**

1일 차

142쪽

❶ 2000000
❷ 7000000
❸ 13000000
❹ 22000000
❺ 48000000

❻ 4
❼ 10
❽ 34
❾ 56
❿ 61

143쪽

⓫ 5000000
⓬ 11000000
⓭ 28000000
⓮ 35000000
⓯ 54000000
⓰ 6700000
⓱ 9200000

⓲ 8
⓳ 24
⓴ 32
㉑ 43
㉒ 58
㉓ 7.9
㉔ 8.5

② 직육면체의 부피

2일차

144쪽

❶ 예 $4 \times 5 \times 3 = 60$
/ 60 cm³

❷ 예 $7 \times 3 \times 6 = 126$
/ 126 cm³

❸ 예 $6 \times 2 \times 5 = 60$
/ 60 cm³

❹ 예 $8 \times 2 \times 7 = 112$
/ 112 cm³

145쪽

❺ 예 $5 \times 3 \times 5 = 75$
/ 75 m³

❻ 예 $11 \times 5 \times 7 = 385$
/ 385 m³

❼ 예 $3 \times 9 \times 8 = 216$
/ 216 m³

❽ 예 $4 \times 6 \times 5 = 120$
/ 120 m³

❾ 예 $7 \times 4 \times 9 = 252$
/ 252 m³

❿ 예 $8 \times 7 \times 10 = 560$
/ 560 m³

③ 정육면체의 부피

3일차

146쪽

❶ $3 \times 3 \times 3 = 27$
/ 27 cm³

❷ $12 \times 12 \times 12 = 1728$
/ 1728 cm³

❸ $7 \times 7 \times 7 = 343$
/ 343 cm³

❹ $16 \times 16 \times 16 = 4096$
/ 4096 cm³

147쪽

❺ $4 \times 4 \times 4 = 64$
/ 64 m³

❻ $15 \times 15 \times 15 = 3375$
/ 3375 m³

❼ $21 \times 21 \times 21 = 9261$
/ 9261 m³

❽ $5 \times 5 \times 5 = 125$
/ 125 m³

❾ $17 \times 17 \times 17 = 4913$
/ 4913 m³

❿ $24 \times 24 \times 24 = 13824$
/ 13824 m³

④ 직육면체의 겉넓이

4일차

148쪽

❶ 예 $(5 \times 4 + 5 \times 3 + 4 \times 3) \times 2 = 94$
/ 94 cm²

❷ 예 $(3 \times 9 + 3 \times 5 + 9 \times 5) \times 2 = 174$
/ 174 cm²

❸ 예 $(7 \times 2 + 7 \times 4 + 2 \times 4) \times 2 = 100$
/ 100 cm²

❹ 예 $(6 \times 3 + 6 \times 8 + 3 \times 8) \times 2 = 180$
/ 180 cm²

149쪽

❺ 예 $(5 \times 2 + 5 \times 6 + 2 \times 6) \times 2 = 104$
/ 104 cm²

❻ 예 $(11 \times 3 + 11 \times 7 + 3 \times 7) \times 2 = 262$
/ 262 cm²

❼ 예 $(4 \times 7 + 4 \times 9 + 7 \times 9) \times 2 = 254$
/ 254 cm²

❽ 예 $(4 \times 5 + 4 \times 6 + 5 \times 6) \times 2 = 148$
/ 148 cm²

❾ 예 $(5 \times 6 + 5 \times 8 + 6 \times 8) \times 2 = 236$
/ 236 cm²

❿ 예 $(9 \times 6 + 9 \times 10 + 6 \times 10) \times 2 = 408$
/ 408 cm²

⑤ 정육면체의 겉넓이

5일차

150쪽

① 예 $4 \times 4 \times 6 = 96$
/ 96 cm²

② 예 $14 \times 14 \times 6 = 1176$
/ 1176 cm²

③ 예 $8 \times 8 \times 6 = 384$
/ 384 cm²

④ 예 $17 \times 17 \times 6 = 1734$
/ 1734 cm²

151쪽

⑤ 예 $10 \times 10 \times 6 = 600$
/ 600 cm²

⑥ 예 $16 \times 16 \times 6 = 1536$
/ 1536 cm²

⑦ 예 $29 \times 29 \times 6 = 5046$
/ 5046 cm²

⑧ 예 $11 \times 11 \times 6 = 726$
/ 726 cm²

⑨ 예 $18 \times 18 \times 6 = 1944$
/ 1944 cm²

⑩ 예 $31 \times 31 \times 6 = 5766$
/ 5766 cm²

⑥ 전개도로 만든 직육면체의 부피 구하기

6일차

152쪽

① 예 $7 \times 3 \times 5 = 105$
/ 105 cm³

② 예 $9 \times 6 \times 3 = 162$
/ 162 cm³

③ 예 $10 \times 3 \times 3 = 90$
/ 90 cm³

④ 예 $8 \times 7 \times 4 = 224$
/ 224 cm³

153쪽

⑤ 예 $6 \times 6 \times 6 = 216$
/ 216 m³

⑥ 예 $15 \times 15 \times 15 = 3375$
/ 3375 m³

⑦ 예 $34 \times 34 \times 34 = 39304$
/ 39304 m³

⑧ 예 $10 \times 10 \times 10 = 1000$
/ 1000 m³

⑨ 예 $23 \times 23 \times 23 = 12167$
/ 12167 m³

⑩ 예 $40 \times 40 \times 40 = 64000$
/ 64000 m³

① 전개도를 접으면 가로 7 cm, 세로 3 cm, 높이 5 cm인 직육면체가 만들어집니다.

② 전개도를 접으면 가로 9 cm, 세로 6 cm, 높이 3 cm인 직육면체가 만들어집니다.

③ 전개도를 접으면 가로 10 cm, 세로 3 cm, 높이 3 cm인 직육면체가 만들어집니다.

④ 전개도를 접으면 가로 8 cm, 세로 7 cm, 높이 4 cm인 직육면체가 만들어집니다.

⑤ 전개도를 접으면 한 모서리의 길이가 6 m인 정육면체가 만들어집니다.

⑥ 전개도를 접으면 한 모서리의 길이가 15 m인 정육면체가 만들어집니다.

⑦ 전개도를 접으면 한 모서리의 길이가 34 m인 정육면체가 만들어집니다.

⑧ 전개도를 접으면 한 모서리의 길이가 10 m인 정육면체가 만들어집니다.

⑨ 전개도를 접으면 한 모서리의 길이가 23 m인 정육면체가 만들어집니다.

⑩ 전개도를 접으면 한 모서리의 길이가 40 m인 정육면체가 만들어집니다.

7 직육면체의 부피를 알 때 가로, 세로, 높이 구하기

8 정육면체의 부피를 알 때 한 모서리의 길이 구하기

154쪽

❶ 4 ❹ 3
❷ 3 ❺ 7
❸ 6 ❻ 9

155쪽

❼ 4 ❿ 5
❽ 6 ⓫ 8
❾ 9 ⓬ 10

❶ □=32÷2÷4 ⇨ □=4
❷ □=72÷4÷6 ⇨ □=3
❸ □=192÷4÷8 ⇨ □=6
❹ □=45÷3÷5 ⇨ □=3
❺ □=210÷6÷5 ⇨ □=7
❻ □=189÷3÷7 ⇨ □=9

❼ □×□×□=64, 4×4×4=64 ⇨ □=4
❽ □×□×□=216, 6×6×6=216 ⇨ □=6
❾ □×□×□=729, 9×9×9=729 ⇨ □=9
❿ □×□×□=125, 5×5×5=125 ⇨ □=5
⓫ □×□×□=512, 8×8×8=512 ⇨ □=8
⓬ □×□×□=1000, 10×10×10=1000 ⇨ □=10

9 직육면체의 겉넓이를 알 때 가로, 세로, 높이 구하기

10 정육면체의 겉넓이를 알 때 한 모서리의 길이 구하기

156쪽

❶ 6 ❹ 7
❷ 3 ❺ 4
❸ 5 ❻ 8

157쪽

❼ 3 ❿ 4
❽ 6 ⓫ 7
❾ 9 ⓬ 11

❶ (□×4+□×2+4×2)×2=88,
　□×4+□×2+8=44, □×6=36
　⇨ □=36÷6=6
❷ (□×6+□×4+6×4)×2=108,
　□×6+□×4+24=54, □×10=30
　⇨ □=30÷10=3
❸ (4×□+4×7+□×7)×2=166,
　4×□+28+□×7=83, □×11=55
　⇨ □=55÷11=5
❹ (3×□+3×3+□×3)×2=102,
　3×□+9+□×3=51, □×6=42
　⇨ □=42÷6=7
❺ (3×8+3×□+8×□)×2=136,
　24+3×□+8×□=68, 11×□=44
　⇨ □=44÷11=4

❻ (5×3+5×□+3×□)×2=158,
　15+5×□+3×□=79, 8×□=64
　⇨ □=64÷8=8
❼ □×□×6=54, □×□=54÷6=9,
　3×3=9 ⇨ □=3
❽ □×□×6=216, □×□=216÷6=36,
　6×6=36 ⇨ □=6
❾ □×□×6=486, □×□=486÷6=81,
　9×9=81 ⇨ □=9
❿ □×□×6=96, □×□=96÷6=16,
　4×4=16 ⇨ □=4
⓫ □×□×6=294, □×□=294÷6=49,
　7×7=49 ⇨ □=7
⓬ □×□×6=726, □×□=726÷6=121,
　11×11=121 ⇨ □=11

158쪽

1 6000000

2 1800000

3 45

4 7.3

5 예 $7 \times 5 \times 8 = 280$
   / 280 cm^3

6 $9 \times 9 \times 9 = 729$
   / 729 m^3

7 예 $(4 \times 10 + 4 \times 6 + 10 \times 6) \times 2 = 248$
   / 248 cm^2

8 예 $15 \times 15 \times 6 = 1350$
   / 1350 cm^2

159쪽

9 예 $6 \times 3 \times 11 = 198$
   / 198 cm^3

10 예 $13 \times 13 \times 13 = 2197$
   / 2197 m^3

11 8

12 7

13 6

14 10

9 전개도를 접으면 가로 6 cm, 세로 3 cm, 높이 11 cm인 직육면체가 만들어집니다.

11 cm
6 cm 3 cm

10 전개도를 접으면 한 모서리의 길이가 13 m인 정육면체가 만들어집니다.

13 m
13 m
13 m

11 □ = 224 ÷ 4 ÷ 7 ⇨ □ = 8

12 □ × □ × □ = 343, 7 × 7 × 7 = 343 ⇨ □ = 7

13 $(5 \times 8 + 5 \times □ + 8 \times □) \times 2 = 236$,
   $40 + 5 \times □ + 8 \times □ = 118$, $13 \times □ = 78$
   ⇨ □ = 78 ÷ 13 = 6

14 □ × □ × 6 = 600, □ × □ = 600 ÷ 6 = 100,
   10 × 10 = 100 ⇨ □ = 10

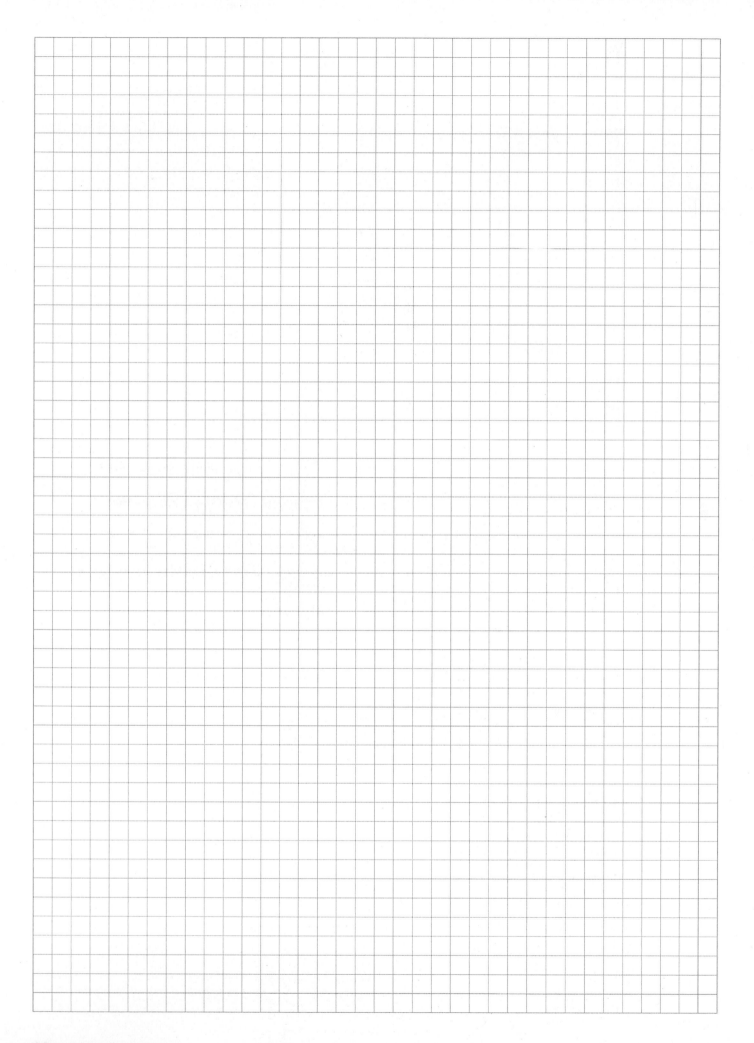

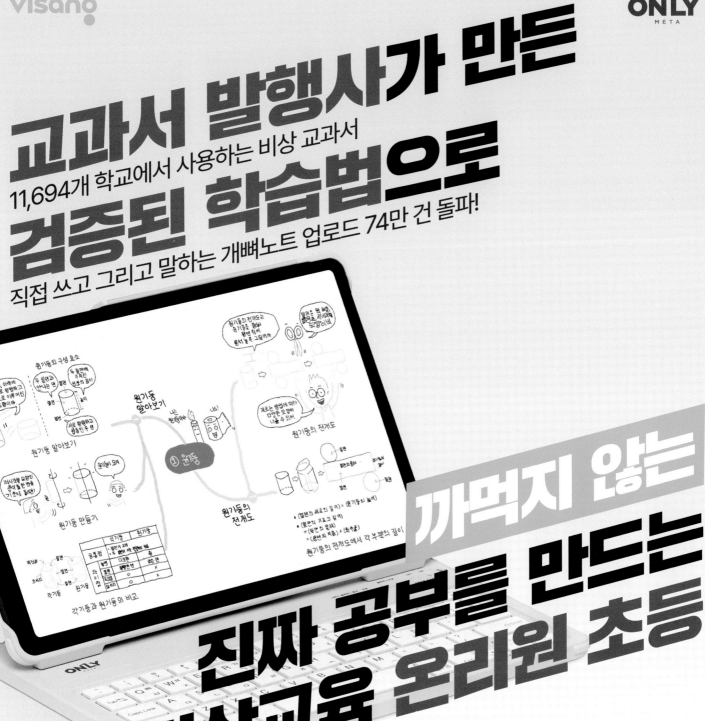

✛ 개념·플러스·연산 　개념과 연산이 만나 수학의 즐거운 학습 시너지를 일으킵니다.

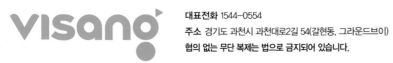

대표전화 1544-0554
주소 경기도 과천시 과천대로2길 54(갈현동, 그라운드브이)
협의 없는 무단 복제는 법으로 금지되어 있습니다.